ゼロからスタート
明快 複素解析

小寺平治 著

現代数学社

●●●●●● 読者のみなさんへ

　複素解析学 ──
　　この分野は，数学者には魂を虜(トリコ)にする**深淵にして華麗な世界**である一方，理工学者には，これは便利！ **なくてはならぬ実用数学**なのです．
　　これは，数の範囲を複素数まで拡張することで，関数の性格が鮮明になり，さらに，そこで展開されている解析学が，自然現象に潜む本質を明確に示してくれるからに違いありません．自然法則の本質的表現 ── これこそ，この自然界に生を受けた，数学者・理工学者ともに，美しい！ と体感するのでありましょう．
　　この本では，コーシーにはじまる**留数による実積分の計算**を，一応の目標にいたしました．理工系学部の"複素解析"（90分/回×15回）の内容を，ほぼカバーしています．
　　複素数を複素平面上に目盛ってみても，実数と数直線との一体感ほどの複素数の実在感はないかもしれませんね．
　　複素数を虚数(キョスウ)(imaginary number)ということがありますが，この本をお読みいただき，**虚数は虚(ウソ)の数ではない！** との実感をお持ちいただければ幸いです．
　　よくわかる！ をモットーに，私はこの本をいっしょう懸命に書きました．論理は明快・計算は単純，さらに，**新しい概念には数値的具体例**を付けるよう努めました．
　　現代数学社の富田淳社長は，企画・編集・出版を，ともに歩んで下さいました．イラストを描いた長女真理子，ならびに関係者各位に，心よりお礼を申し上げます．

　　　　2016年10月

　　　　　　　　　　　　　　　　　　　　　　　　　　　　　小寺　平治

●●●●●● これだけのメニューを用意しました

まえがき		*i*
Lesson 1	複素数と複素平面・1	*1*
Lesson 2	複素数と複素平面・2	*11*
Lesson 3	複素関数	*21*
Lesson 4	指数関数・対数関数	*31*
Lesson 5	三角関数	*41*
Lesson 6	円円対応	*51*
Lesson 7	複素関数の微分法	*61*
Lesson 8	コーシー・リーマンの方程式	*71*
Lesson 9	写像の等角性	*81*
Lesson 10	複素積分	*91*
Lesson 11	コーシーの積分定理	*101*
Lesson 12	実積分への応用・Part Ⅰ	*111*
Lesson 13	ε-δ 式論法エトセトラ	*121*
Lesson 14	コーシーの積分公式	*131*
Lesson 15	テイラー展開	*141*
Lesson 16	ローラン展開	*151*
Lesson 17	極・真性特異点	*161*
Lesson 18	留数定理	*171*
Lesson 19	実積分への応用・Part Ⅱ	*179*

以上は，内容上，次のようになっています．

Lesson 1 〜 6 　複素関数
Lesson 7 〜 9 　複素微分
Lesson 10 〜 14 　複素積分
Lesson 15 〜 19 　展開定理

演習問題の解答	189
参　考　図　書	202
索　　　引	204

▶**基本事項**は"ポイント"としてまとめ，
　　　　　定義には，■(ハコ)をつけ
　　　　　定理には，●(マル)をつけました．

▶**講義用テキスト**にも．
　この本は，授業の副読本・自学自習用として執筆いたしましたが，内容は，わが国，理工系学部のほぼ定着している"複素解析"($90^{分/回} \times 15^{回}$)のシラバスを，ほぼカバーしています．講義用テキストとしても，十分ご利用いただけるものと存じます．

Lesson 1　複素数と複素平面・1

●●●●● 平面上の点を数と見る ●●●

　このセミナーでは，広く，理工系一般の方々のご要望にお答えする意味で，ご覧のように，**複素解析**を取り上げることにしました．

　それでは，さっそく，飢男先生の研究室の様子を中継しましょう．

●登場人物

　愛　飢男 … やわ肌の熱き血汐に触れもみで，淋しからずや道を説く先生

　香菊圭子 … 才たけて，眉目うるわしく情ある女子大新入生

　立津貞人 … 書を読みて，六分の侠気・四分の熱ある大学新入生

◀登場人物は架空の人物．念のため．

● ゼロからスタート

圭子　先生，こんにちは．

貞人　よろしく，お願いいたします．

先生　やあ，よく来たね．まあ，掛けたまえ．（全員，一息ついたとき）

　えー，今日から，複素解析の入門部分を，やって行きましょう．

　まあ，コーシー[1]に始まる**留数定理による実積分の計算**あたりを，一応の目標にしましょうか．

圭子　ゼロからスタートっていいますと？

---

1)　Cauchy A.L（1789-1857）

先生 高校数学は，前提にするけれど，**大学の微積分は仮定しない**，ということ．話が進んできて，大学微積分が必要になったら，そこで，その必要事項を説明することにします．

圭子 安心しました．

貞人 明快複素解析の**明快**っていうのは，**よくわかる**ということですか．

先生 そう，スッキリとね．でも，念のために言っておくけど，何から何まで，すべて厳密な証明を付けるってことじゃないんだ．

現段階では，証明なしに認めよう，ということも出てくる．それは，ハッキリ認める．証明できることは，キチンと内容が分かるように証明する――**論理の骨格・筋道をハッキリさせる**ということ．これは数学の生命線だよ．

たとえば，定義だか定理だか分からない，あやふやにしておくことは，**数学として失格**だし，精神衛生上もよくないしね．

●複素数

先生 複素数の加減乗除．念のために簡単な例を一つやっておこう．

[例] $\dfrac{5+14i}{2+3i}$ を簡単にせよ．

貞人 i を普通の文字のように考えて，i^2 が出てきたら，$i^2=-1$ とおけばいいんですね．

解
$$\frac{5+14i}{2+3i} = \frac{(5+14i)(2-3i)}{(2+3i)(2-3i)} = \frac{10+13i-42i^2}{4-9i^2} = \frac{52+13i}{13} = 4+i$$

先生 それでは，あらためて，実数 x, y に対して，
$$x+yi \quad {}^{2)}$$

---

2) $x+iy$ ともかく．

の形の数を導入し，**複素数**とよびます．いま，複素数
$$z = x + yi \quad (x, y : 実数)$$
に対して，

x を複素数 z の**実部**[3]とよび，$\mathrm{Re}\, z$ とかき，

y を複素数 z の**虚部**[4]とよび，$\mathrm{Im}\, z$ とかく．

二つの複素数は，実部・虚部がともに一致するとき，**等しい**という：
$$x + yi = x' + y'i \iff x = x' \quad かつ \quad y = y'$$
また，$x + 0i$ は，実数 x と**同一視**されますし，$x + (-y)i$ を，ふつう $x - yi$ とかくこともあります．

圭子 そうですね．

先生 それから，複素数 $x + yi$ $(x, y : 実数)$ というとき，"x, y は実数"と見るのが，**文脈上自明**であるときは，この「ただし書き」は簡単のため**省略する**ことにしましょうよ．

さて，いま，複素数 $z = x + yi$ に対して，複素数 $x - yi$ を，z の**共役複素数**とよび，$\bar{z}$ と記し，z バーと読みます．たとえば，

$z = 3 + 4i$ のとき，
$$\bar{z} = 3 - 4i, \quad \bar{\bar{z}} = 3 + 4i,$$
$$\mathrm{Re}\, z = 3, \quad \mathrm{Im}\, z = 4, \quad \mathrm{Re}\, \bar{z} = 3, \quad \mathrm{Im}\, \bar{z} = -4$$
いいね．なお，$\bar{\bar{z}} = z$ は，どんな複素数 z についても成立します．

それでは，共役複素数について，まとめておきましょう：

---

[3] Real part

[4] Imaginary part

---●ポイント--- 四則の共役複素数

複素数 z_1, z_2 について,次が成立する:
(1) $\overline{z_1+z_2}=\overline{z_1}+\overline{z_2}, \quad \overline{z_1-z_2}=\overline{z_1}-\overline{z_2}$
(2) $\overline{z_1 z_2}=\overline{z_1}\,\overline{z_2}$
(3) $\overline{\left(\dfrac{z_1}{z_2}\right)}=\dfrac{\overline{z_1}}{\overline{z_2}}$ (ただし, $z_2 \neq 0$)

先生 圭子さん,念のために,証明を付けて下さい.
圭子 はい.まず,
$$z_1=x_1+iy_1, \quad z_2=x_2+iy_2$$
とおきます.このとき,
$$\overline{z_1}=x_1-iy_1, \quad \overline{z_2}=x_2-iy_2$$
ですから,
(1)
$$z_1+z_2=(x_1+x_2)+i(y_1+y_2)$$
$$\overline{z_1+z_2}=(x_1+x_2)-i(y_1+y_2)$$
$$\overline{z_1}+\overline{z_2}=(x_1+x_2)-i(y_1+y_2)$$
となって,確かに,
$$\overline{z_1+z_2}=\overline{z_1}+\overline{z_2}$$
は,成立します.$\overline{z_1-z_2}=\overline{z_1}-\overline{z_2}$ も,同様にできます.
(2)
$$z_1 z_2=(x_1 x_2-y_1 y_2)+i(x_1 y_2+x_2 y_1)$$
$$\overline{z_1}\,\overline{z_2}=(x_1 x_2-y_1 y_2)-i(x_1 y_2+x_2 y_1)$$
ですから,$\overline{z_1 z_2}=\overline{z_1}\,\overline{z_2}$ は,明らかです.(3)は,ちょっとめんどうですね….
貞人 (2)を利用したら….ちょっと,やってみます.
$$z_1=\dfrac{z_1}{z_2}\cdot z_2$$
ですから,
$$\overline{z_1}=\overline{\dfrac{z_1}{z_2}\cdot z_2}=\overline{\left(\dfrac{z_1}{z_2}\right)}\cdot\overline{z_2} \qquad \therefore \ \overline{\left(\dfrac{z_1}{z_2}\right)}=\dfrac{\overline{z_1}}{\overline{z_2}}$$

先生 お見事!

圭子 なるほど，そうですね．

先生 もう一つ，よく使う性質は，

●ポイント　　　　　　　　　　　　　　　　　　　　　　　　　共役複素数

(1) $\mathrm{Re}\,z = \dfrac{1}{2}(z+\bar{z})$,　　$\mathrm{Im}\,z = \dfrac{1}{2i}(z-\bar{z})$

(2) z：実数 $\iff z = \bar{z}$

これは，$z = x+iy$, $\bar{z} = x-iy$ とおけば，

$$z+\bar{z} = 2x, \quad z-\bar{z} = 2iy$$

$$z：実数 \iff \mathrm{Im}\,z = 0 \iff z-\bar{z} = 0$$

だから，明らかだね．

また，実部 $=0$ すなわち $yi\ (y \neq 0)$ の形の複素数を**純虚数**ということがあります．念のため．

●複素平面

貞人 先生．

先生 なんだ．

貞人 i を**虚数単位**といいますよね．これは，2次方程式 $x^2 = -1$ が解をもつと**仮定して**，それを i と名づけたのですね．この i は imaginary number からときいたことがあります．

複素数，さらに，これから学ぶ複素解析は，**架空の世界**のお話なのでしょうか？

圭子 わたしも，気になっていました．

先生 いい質問だね．複素数が空想世界の産物ではなく，**実在する数**とし

ての市民権を与えたのは，かの大数学者**ガウス**[5]なんだ．

実数は，数直線上の点で表わされるね．

しかし，$x^2 = -1$ の解 i は，実数ではないので数直線上にはない．

いま，任意の実数に -1 を掛けると，その実数の**符号が変わる**．図形的にいえば，**180° 回転すること**になる：

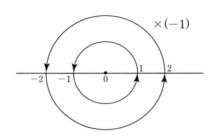

それでは，任意の実数に i を掛けるとどうだろうか？

$$実数 \times (-1) = 実数 \times i^2 = 実数 \times i \times i$$

$\times i$ を2回行うことは，$\times (-1)$ で，180° 回転すること．だから，**×i は 90° 回転する**ことだろう：

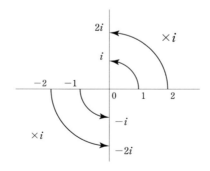

ご覧のように，純虚数は，実数直線に垂直な直線上に目盛られる．

---

5) Gauss C.F（1777-1855）

これから，**複素平面**の考えが生まれるのだ．

座標平面上の点 (x, y) に，複素数 $x+yi$ を目盛り，平面上の点が，複素数を表わすと考えたとき，この平面を，**複素平面**といい，横軸を**実軸**[6]，縦軸を**虚軸**というわけ．

また，複素数 z が目盛られた点を，点 z とよぶことがあるのだ．

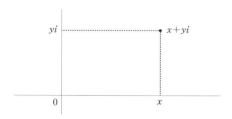

先生 もう少し，大切な用語を定義しておこう．

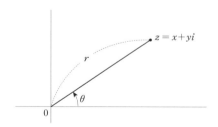

複素平面上で，点 0 から点 $z = x+yi$ までの距離 r を，z の**絶対値**とよび，$|z|$ とかく．実軸の正の部分と，半直線 0z との交角 θ を，z の**偏角**とよび，$\arg z$ などとかきます：

$$r = |z| = \sqrt{x^2+y^2}, \quad \theta = \arg^{[7]} z$$

いいね．このとき，

---

6) 軸は，"じく"とよむ．"じゅく"ではない．(念のため)
7) argument

$$x = r\cos\theta, \quad y = r\sin\theta$$

だから，

$$z = r(\cos\theta + i\sin\theta)$$

とかけるね．この形を，複素数 z の**極形式**といいます．

[例] $z = -1 + \sqrt{3}\,i$ を，極形式で表わせ．

圭子

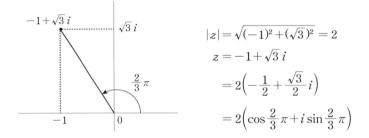

$$|z| = \sqrt{(-1)^2 + (\sqrt{3})^2} = 2$$
$$z = -1 + \sqrt{3}\,i$$
$$= 2\left(-\frac{1}{2} + \frac{\sqrt{3}}{2}i\right)$$
$$= 2\left(\cos\frac{2}{3}\pi + i\sin\frac{2}{3}\pi\right)$$

貞人 偏角 θ は，一通りには決まりませんね[8]．

先生 そうだね．偏角 θ は，一般角としては，無数にあるね．でも，手近な $-\pi < \theta \leq \pi$ の範囲に制限すれば，一意的に決まります．この θ を z の偏角の**主値**といい，大文字を用いて，Arg z とかくことがあります．なお，複素数 0 の偏角は考えません．また，極形式に対して，$x + iy$ の形を**直交形式**といいます．

圭子 複素数に，直交形式・極形式という二つの表わし方があるのは，何かメリットがあるのですか？

先生 この二つが，それぞれ，どんな意味をもっているのか，を説明しましょう．

ぼくたちが，駅から大学まで歩いて来るとき，東へ何 m 歩いて，北へ何 m

---

8) $\arg z_1 = \arg z_2$ は，次を意味する： $\arg z_1 \equiv \arg z_2 \pmod{2\pi}$

というね．これが，直交形式．でも，空を飛べる鳥たちは，駅からコレコレの方向へ，まっしぐらに，何mか飛ぶだろうな．これが，極形式なんだ．

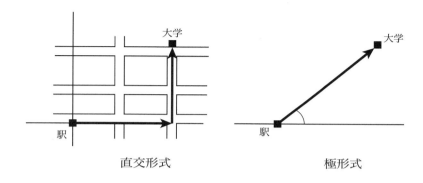

直交形式　　　　　　　極形式

先生　次回，やることだけれど，複素数の計算では，

　　　　直交形式　は，加・減に

　　　　極　形　式　は，積・ベキ・商に

適しているのだ．今回は，ここまでにしよう．復習たのむよ．

圭子・貞人　先生，本日は，ありがとうございました．

演習問題

1.1 次の複素数 z を直交形式（$a+ib$ の形）で表わせ．

(1) $(2+3i)(3+4i)(2-3i)$

(2) $2i^7 - 3i^5 + 4i^4 - i^3 + 2i - 1$　　(3) $\dfrac{3+i}{1-2i} + \dfrac{3-i}{2+i}$

1.2 次の複素数 z を極形式で表わせ．

(1) $(2+i)(3+i)$　　　　(2) $\dfrac{7+\sqrt{3}\,i}{1+2\sqrt{3}\,i}$

Lesson 2 複素数と複素平面・2

●●●●● 積の偏角＝偏角の和 ●●●

圭子 先生，こんにちは．
貞人 よろしく，お願いいたします．
先生 やあ，よく来たね．まあ，掛けたまえ．

●複素数の和差積商と複素平面

先生 それでは，始めましょう．さて，複素数
$$z_1 = x_1 + iy_1, \quad z_2 = x_2 + iy_2$$
の和・差は，
$$z_1 + z_2 = (x_1 + x_2) + i(y_1 + y_2)$$
$$z_1 - z_2 = (x_1 - x_2) + i(y_1 - y_2)$$
だから，

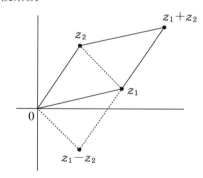

四点 $0, z_1, z_1+z_2, z_2$

四点 $0, z_1-z_2, z_1, z_2$

は，いずれも，**平行四辺形の四頂点**になっている．これは，いいね．

圭子 ベクトルに似てますね．

貞人 点 z_1, z_2 が与えられたとき，和 z_1+z_2，差 z_1-z_2 が，作図できるわけですね．

先生 そう，そう．では，次はどうかな：

●ポイント 　　　　　　　　　　　　　　　　　　　　　　　　三角不等式

複素数 z_1, z_2 について，
$$|z_1+z_2| \leqq |z_1|+|z_2|$$
が成立する．この式で，等号は，
$$\arg z_1 = \arg z_2$$
のときだけ成立する．

貞人　　　　　　　三角形の二辺の和 ≧ 他の一辺

ということですね．不等号が等号になるのは，3 点 $0, z_1, z_2$ が一直線上にあるときだと思います．

圭子　3 点 $0, z_1, z_1+z_2$ を頂点とする三角形が，ペチャンコになる場合なのね．

先生　大正解，大正解．

それでは，次は，積だ．そうそう，**極形式**だったね．
$$z = r(\cos\theta + i\sin\theta), \quad z' = r'(\cos\theta' + i\sin\theta')$$
の積を，正直に計算してみよう：

$$\begin{aligned}
zz' &= rr'(\cos\theta + i\sin\theta)(\cos\theta' + i\sin\theta') \\
&= rr'\{(\cos\theta\cos\theta' - \sin\theta\sin\theta') + i(\sin\theta\cos\theta' + \cos\theta\sin\theta')\} \\
&= rr'\{\cos(\theta+\theta') + i\sin(\theta+\theta')\}
\end{aligned}$$

だから，この絶対値・偏角は，
$$|zz'| = rr' = |z||z'|$$
$$\arg(zz') = \theta + \theta' = \arg z + \arg z'$$
であることが分かった．

したがって，複素数 z に複素数 z' を掛けると，$\triangle 01z$ は，

　　　　0 のまわりに，$\arg z'$ だけ回転し，

　　　　$|z'|$ 倍に拡大される

これを，**相似に回転**などということがあるのだ．

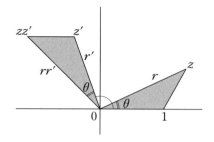

先生 "商"は，貞人君にやってもらおうか．

貞人 はい．いま得られたばかりの"積"の公式を用います．
$$|zz'|=|z||z'|, \quad \arg(zz')=\arg z+\arg z'$$
で，z の代わりに，$\dfrac{z}{z'}$ とおけば，
$$\left|\frac{z}{z'}\cdot z'\right|=\left|\frac{z}{z'}\right||z'| \qquad \therefore\ |z|=\left|\frac{z}{z'}\right||z'|$$
$$\therefore\ \left|\frac{z}{z'}\right|=\frac{|z|}{|z'|}$$

arg の方も，同様に，次のようになります：
$$\arg\frac{z}{z'}=\arg z-\arg z'$$

圭子 arg って，log によく似てるわね．

先生 以上の結果と，そのちょっとした応用を記(しる)しておきましょう：

●ポイント 　　　　　　　　　　　　　　　　　　　　　　**積商の絶対値と偏角**

(1) $|zz'|=|z||z'|, \quad \arg(zz')=\arg z+\arg z'$

(2) $\left|\dfrac{z}{z'}\right|=\dfrac{|z|}{|z'|}, \quad \arg\dfrac{z}{z'}=\arg z-\arg z'$

(3) $|z|=0 \iff z=0$
　　$zz'=0 \iff z=0$ または $z'=0$

先生 (3)は，実数についての

$$|x| = 0 \iff x = 0$$
$$xx' = 0 \iff x = 0 \text{ または } x' = 0$$

という大切な性質が，複素数についても成立する，ということだね．
$$z = x + iy \quad (x, y : 実数)$$
とおこう．このとき，
$$|z| = 0 \iff \sqrt{x^2 + y^2} = 0 \iff x = y = 0 \iff z = 0$$
$$zz' = 0 \iff |zz'| = 0$$
$$\iff |z||z'| = 0$$
$$\iff |z| = 0 \text{ または } |z'| = 0 \,^{1)}$$
$$\iff z = 0 \text{ または } z' = 0$$

と，気持ちよく証明完了というわけさ．

貞人 なるほどなあ．**実数の性質に還元**したんですね．

●ド・モアブルの定理

先生 どんな定理か知ってますか？　一応，書いておきます：

●ポイント ────────────── **ド・モアブル[2]の定理**

$$(\cos\theta + i\sin\theta)^n = \cos n\theta + i\sin n\theta \quad (n = 0, \pm 1, \pm 2, \cdots)$$

先生 一般に，複素数^{整数}は，次のように定義されます．
$$z^0 = 1, \quad z^n = \underbrace{z \times z \times \cdots \times z}_{n個}, \quad z^{-n} = \frac{1}{z^n}$$

複素数^{複素数}は第6回で扱います．

---
1) $|z|, |z'|$ は実数
2) De Moivre.A (1667-1754)

圭子 たとえば，
$$(\cos\theta+i\sin\theta)^3=\cos 3\theta+i\sin 3\theta$$
$$(\cos\theta+i\sin\theta)^{-5}=\cos(-5\theta)+i\sin(-5\theta)$$
けっきょく，
$$\frac{1}{(\cos\theta+i\sin\theta)^5}=\cos 5\theta-i\sin 5\theta$$
ということですね．

先生 そうそう．そこで，ド・モアブルの定理を証明しよう．

絶対・偏角の性質
$$|zz'|=|z||z'|,\quad \arg(zz')=\arg z+\arg z'$$
を，くり返し用いれば，
$$|z_1z_2\cdots z_n|=|z_1||z_2|\cdots|z_n|$$
$$\arg(z_1z_2\cdots z_n)=\arg z_1+\arg z_2+\cdots+\arg z_n$$
が出るね．ここで，とくに，
$$z_1=z_2=\cdots=z_n\ (=z\ とおく)$$
のときは，
$$|z^n|=|z|^n,\quad \arg(z^n)=n\arg z$$
いま，
$$z=\cos\theta+i\sin\theta\quad のとき,\ |z|=1,\ \arg z=\theta$$
だから，
$$(\cos\theta+i\sin\theta)^n=\cos n\theta+i\sin n\theta$$
となるわけ．

次は，$n=-1,-2,\cdots$ の場合だ．n のままでもいいけれど，
$$n=-m\ (m=1,2,\cdots)$$
とおいた方が，分かりやすいだろう．
$$z^n=z^{-m}=\frac{1}{z^m}=\frac{1}{(\cos\theta+i\sin\theta)^m}=\frac{\cos 0+i\sin 0}{\cos m\theta+i\sin m\theta}$$
$$=\cos(0-m\theta)+i\sin(0-m\theta)$$
$$=\cos n\theta+i\sin n\theta$$
$n=0$ の場合は，明らかに成立してるから，証明完了というわけ．

● 1 の n 乗根

先生 ド・モアブルの定理の応用を一つやってみましょう．
$z^n=1$ となるような複素数 z を，**1 の n 乗根**といいます．
たとえば，1 の 5 乗根といえば，
$$z^5=1$$
を満たす複素数 z のことです．これを求めてみましょうか．
まず，z の絶対値 $|z|$ は実数だから，
$$|z^5|=1 \quad \text{より，} \quad |z|^5=1. \qquad \therefore |z|=1$$
したがって，1 の 5 乗根 z は，
$$z=\cos\theta+i\sin\theta \quad (0\leqq\theta<2\pi)$$
とおけるね．このとき，ド・モルガンの定理が使えて，
$$z^5=(\cos\theta+i\sin\theta)^5=\cos 5\theta+i\sin 5\theta=1$$
実部，虚部を比較して，
$$\cos 5\theta=1, \quad \sin 5\theta=0$$
したがって，5θ は，$2\pi\times$整数 になるね．
$$\therefore \ 5\theta=2k\pi \qquad \therefore \ \theta=\frac{2}{5}k\pi \ (k=0,\pm 1,\pm 2,\cdots)$$
$$\theta=\cdots,\ -\frac{2}{5}\pi,\ 0,\ \frac{2}{5}\pi,\ \frac{4}{5}\pi,\ \frac{6}{5}\pi,\ \frac{8}{5}\pi,\ \frac{10}{5}\pi,\ \cdots$$
このうち，$0\leqq\theta<2\pi$ に入るものは，次の 5 個で，
$$z_k=\cos\frac{2}{5}k\pi+i\sin\frac{2}{5}k\pi \ (k=0,1,2,3,4)$$
とかけるね．だから，求める 1 の 5 乗根は，次の 5 個ということになる：
$$z_k=\cos\frac{2}{5}k\pi+i\sin\frac{2}{5}k\pi \ (k=0,1,2,3,4)$$
ところで，いま，この z_1 を，

$$\alpha = z_1 = \cos\frac{2}{5}\pi + i\sin\frac{2}{5}\pi$$

とおけば，z_0, z_1, z_2, z_3, z_4 は，

$$1,\ \alpha,\ \alpha^2,\ \alpha^3,\ \alpha^4$$

とかけるのだ．いいね．

複素平面上に図示すれば，単位円（中心 0，半径 1 の円）に内接する**正 5 角形の 5 個の頂点**になっているだろう．

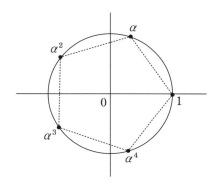

貞人 そうですね．

先生 この α は，5 乗して**はじめて** 1 になるので，1 の**原始 5 乗根**ということがある．憶えておいてね．5 乗根は，n 乗根に一般化される：

●ポイント　　　　　　　　　　　　　　　　　　　　**1 の n 乗根**

1 の n 乗根は，ちょうど n 個あり，それらは，

$$1,\ \alpha,\ \alpha^2,\ \cdots,\ \alpha^{n-1}$$

で，単位円に内接する正 n 角形の n 個の頂点になっている．ただし，

$$\alpha = \cos\frac{2\pi}{n} + i\sin\frac{2\pi}{n}$$

先生 それでは，次の問題を解いてみたまえ．（といい部屋を出て行く）

[**例**]　$-2+2\sqrt{3}\,i$ の 4 乗根を求め，複素平面上に図示せよ．

圭子　$z^4 = -2+2\sqrt{3}\,i$ を解くわけね．
貞人　そうだね．とにかく，
$$z = r(\cos\theta + i\sin\theta) \quad (0 \leq \theta < 2\pi)$$
とおいてみようか．
$$z^4 = r^4(\cos\theta + i\sin\theta)^4 = r^4(\cos 4\theta + \sin 4\theta)$$
圭子　$-2+2\sqrt{3}\,i$ を極形式にします．$|-2+2\sqrt{3}\,i|=4$ でくくれば，
$$-2+2\sqrt{3}\,i = 4\left(-\frac{1}{2} + \frac{\sqrt{3}}{2}i\right)$$

この偏角は，一般角では，
$$\frac{2}{3}\pi + 2k\pi \quad (k=0,\pm 1,\pm 2,\cdots)$$

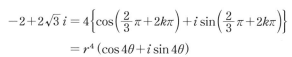

だわね．だから，
$$-2+2\sqrt{3}\,i = 4\left\{\cos\left(\frac{2}{3}\pi + 2k\pi\right) + i\sin\left(\frac{2}{3}\pi + 2k\pi\right)\right\}$$
$$= r^4(\cos 4\theta + i\sin 4\theta)$$
これから，
$$r^4 = 4 \quad \therefore \quad r = \sqrt{2}$$
$$4\theta = \frac{2}{3}\pi + 2k\pi \quad \therefore \quad \theta = \frac{1+3k}{6}\pi$$
$0 \leq \theta < 2\pi$ となる k を求めると，
$$0 \leq \frac{1+3k}{6}\pi < 2\pi \quad \therefore \quad -\frac{1}{3} \leq k < \frac{11}{3}$$
だから，k は，次の 4 個ね：
$$k = 0, 1, 2, 3$$
したがって，求める z は，

$$z_k = \sqrt{2}\Bigl(\cos\frac{1+3k}{6}\pi + i\sin\frac{1+3k}{6}\pi\Bigr) \quad (k=0,1,2,3)$$

けっきょく，次の 4 個．（と書いてニッコリ）

$$\sqrt{2}\Bigl(\frac{\sqrt{3}}{2}+\frac{1}{2}i\Bigr),\ \sqrt{2}\Bigl(-\frac{1}{2}+\frac{\sqrt{3}}{2}i\Bigr),\ \sqrt{2}\Bigl(-\frac{\sqrt{3}}{2}-\frac{1}{2}i\Bigr),\ \sqrt{2}\Bigl(\frac{1}{2}-\frac{\sqrt{3}}{2}i\Bigr)$$

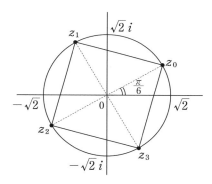

先生 （いつの間にか，もどっている）やあ，満点，満点．よくできたね．同様にして，この結果は，次のように一般化されます．

$z = r(\cos\theta + i\sin\theta)$ のとき，
$$\sqrt[n]{z} = \sqrt[n]{r}\Bigl(\cos\frac{\theta+2k\pi}{n} + i\sin\frac{\theta+2k\pi}{n}\Bigr) \quad (k=0,1,2,\cdots,n-1)$$

次回は，いよいよ，複素関数だ．今日は，ここまでにしよう．

貞人・圭子 本日は，どうもありがとうございました．

|||||||||| **演習問題** ||||||||||||||||||||||||||||||||||||||||||||||||||||||||||||||||||||||||||||||

2.1 次の複素数 z を直交形式($a+ib$ の形)で表わせ．

(1) $(1+\sqrt{3}\,i)^{10}$

(2) $(1+i)^{-7}$

2.2 方程式 $z^3=1-i$ を解き，解を複素平面上に図示せよ．

Lesson 3 複素関数

●●●●● 複素平面から複素平面への写像 ●●●

圭子 先生,こんにちは.
貞人 よろしく,お願いいたします.
先生 やあ,よく来たね.まあ,掛けたまえ.

●複素関数

先生 それでは,始めましょう.
　さて,複素解析で扱う関数は,**複素変数**の**複素数値関数**なんだ.これを,ふつう,**複素関数**とよんでいるんだ.これは,実関数,すなわち,変数値も関数値も実数の関数に対する言葉だな.
　たとえば,複素関数
$$w = f(z) = z^4$$
を考えようか.この場合,
$$z_1 = 2+i \implies f(z_1) = (2+i)^4 = (3+4i)^2 = -7+24i$$
$$z_2 = 1-i \implies f(z_2) = (1-i)^4 = (-2i)^2 = -4$$
のような計算は,実関数を同じだ.
　ところが,これを,図形的に表現しようとすると,実関数のようには行かないんだ.z も w も,2次元の複素平面上を動くので,$2 \times 2 = 4$ 次元の曲面を考えることになる.これを,実際に描くことは,不可能に近いね.

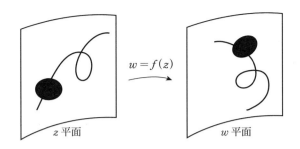

圭子 複素関数のグラフは，4次元空間の曲面ですか．SFの世界だわ．
先生 そこで，次のような工夫をするのだ．

z **平面**，w **平面**という2枚の複素平面を準備して，z の変化に対応する w の変化を，それぞれの平面上に描いて，対応の状況をつかむのです．

具体例をやってみよう．

[**例**] 次の複素関数 $w = f(z)$ によって，z 平面上の点 z_1, z_2 に対応する w 平面上の点 w_1, w_2 を求め，図示せよ．
(1) $w = f(z) = \operatorname{Re} z$ （$z_1 = 3+2i$, $z_2 = 3-i$）
(2) $w = f(z) = z\bar{z}$ （$z_1 = \sqrt{2} + \sqrt{2}\,i$, $z_2 = 1 - \sqrt{3}\,i$）

解 (1) $w_1 = f(z_1) = \operatorname{Re}(3+2i) = 3$
$w_2 = f(z_2) = \operatorname{Re}(3-i) = 3$

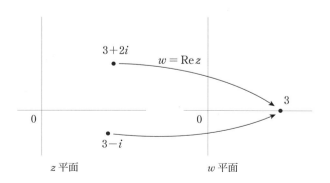

(2) $w_1 = f(z_1) = (\sqrt{2} + \sqrt{2}\,i)\overline{(\sqrt{2} + \sqrt{2}\,i)} = (\sqrt{2} + \sqrt{2}\,i)(\sqrt{2} - \sqrt{2}\,i) = 4$

$w_2 = f(z_2) = (1 - \sqrt{3}\,i)\overline{(1 - \sqrt{3}\,i)} = (1 - \sqrt{3}\,i)(1 + \sqrt{3}\,i) = 4$

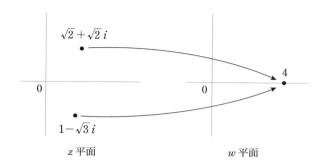

先生 これらの結果をよく見て，何か気がつくことはないかな．

圭子 (1)ですが，$z = x + iy$ とおけば，

$$w = f(z) = \mathrm{Re}\,z = \mathrm{Re}(x + iy) = x$$

ですから，z 平面の直線 $z = x_0 + iy\,(-\infty < y < +\infty)$ 上の点は，すべて w 平面上の点 x_0 に写されます．

先生 図のようになるね．

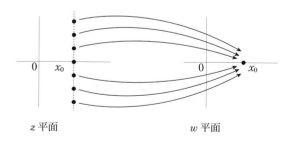

貞人 (2)ですが，$z = x + iy$ とおけば，

$$w = z\bar{z} = (x + iy)\overline{(x + iy)} = (x + iy)(x - iy) = x^2 + y^2 = |z|^2$$

だったんですね．

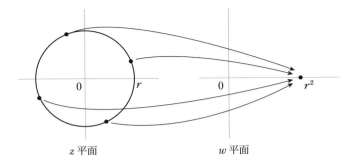

● $w = az$ のイメージ

先生 $\qquad w = f(z) = az \quad$ （a：複素定数）

を考えよう．
$$|w| = |a||z|, \quad \arg w = \arg a + \arg z$$
だから，z の絶対値は $|a|$ 倍され，z の偏角は $\arg a$ だけ増えるね．

点 z を原点 0 のまわりに $\arg a$ だけ回転して，原点 0 を中心にして，放射状に $|a|$ 倍に拡大した点が，w なのだ．そうだね．たとえば，
$$w = (1 + \sqrt{3}\,i)z$$
ならば，
$$1 + \sqrt{3}\,i = 2\left(\frac{1}{2} + \frac{\sqrt{3}}{2}i\right)$$
$$= 2\left(\cos\frac{\pi}{3} + i\sin\frac{\pi}{3}\right)$$

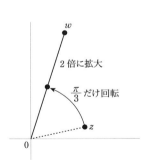

だから，点 z を，原点 0 のまわりに，
$$\arg(1+\sqrt{3}i) = \frac{\pi}{3} \text{ だけ回転し，}$$
$$|1+\sqrt{3}\,i| = 2 \text{ 倍に拡大}$$
すれば，点 w が得られる．いいね．

圭子・貞人 （元気よく） はい！

先生 $w = az$ によって，z 平面の垂直線群，水平線群の作る模様は，w 平

面の図のような図形に写される．これは，覚えておいて欲しいな．

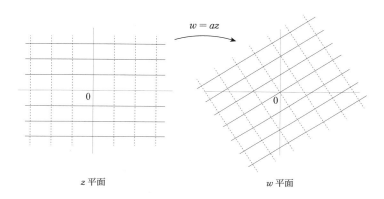

z 平面　　　　　　　　　　　w 平面

● $w=z^2$ のイメージ

先生　複素関数 $w=f(z)$ の解明に，z, w を，それぞれ，実部と虚部に分けて考えることがあるんだ[1]．

$$\begin{cases} z = x+iy \\ w = f(z) = u(x,y) + iv(x,y) \end{cases}$$

この $u(x,y)$, $v(x,y)$ は，もちろん，2 変数 x, y の実関数だね．

たとえば，2 次関数

$$w = z^2$$

の場合は？

貞人　　　　　$w = z^2 = (x+iy)^2 = (x^2-y^2) + i \cdot 2xy$

ですから，

$$u(x,y) = x^2 - y^2, \quad v(x,y) = 2xy \qquad \cdots\cdots (*)$$

です．

先生　そうだね．さて，そこで，写像 $w=z^2$ によって，

---

[1]　z 平面は，xy 平面．w 平面は，u,v 平面になる．

z 平面の　垂直線 $x=a$, 水平線 $y=b$ [2)] は, w 平面のどんな図形に写されるのか？　調べてみよう.

貞人　やってみます.

(ⅰ) $x=a$ のとき:

(＊)より,
$$\begin{cases} u=a^2-y^2 & \cdots\cdots ① \\ v=2ay & \cdots\cdots ② \end{cases}$$

②から, $y=\dfrac{v}{2a}$

①へ代入し, y を消去すると,
$$u=a^2-\dfrac{1}{4a^2}v^2$$

これは, uv 平面（w 平面）で, 右へ凸の横向き放物線である.

(ⅱ) $y=b$ のとき:

(＊)より,
$$\begin{cases} u=x^2-b^2 & \cdots\cdots ①' \\ v=2bx & \cdots\cdots ②' \end{cases}$$

②′から, $x=\dfrac{v}{2b}$

①′へ代入し, x を消去すると,
$$u=\dfrac{1}{4b^2}v^2-b^2$$

これは, uv 平面（w 平面）で, 左へ凸の横向き放物線である.

先生　（時間をかけて，図を描いて）　まあ，こんなふうになるかな.

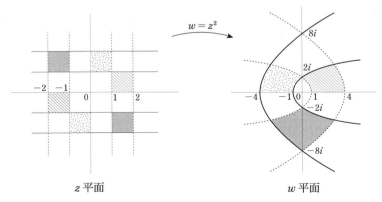

z 平面　　　　　　　　　　　　　w 平面

圭子　きれいな図ですね.

---

2) z 平面と xy 平面を混用している. 正確には, 垂直線 $\mathrm{Re}\,z=a$, 水平線 $\mathrm{Im}\,z=b$

貞人　この写像 $w=z^2$ は，**2対1対応**ですね．

先生　君たち，後で自分で実際に，この図を描いてみたまえ．そうして，複素関数に，しだいに**慣れてほしい**んだ．慣れるが勝ちだよ．

それでは，やさしい例を一つ：

> ［例］　$w=z^2$ によって，z 平面の円
> $$|z|=1, \quad |z|=2$$
> は，それぞれ，w 平面のどのような図形に写されるか．

貞人　$|z|=1$ は，原点中心，半径 1 の円．極形式がいいと思います．
$$z=\cos\theta+i\sin\theta \quad (0\leqq\theta\leqq 2\pi)$$
とおけます．ド・モアブルの定理によって，
$$w=z^2(\cos\theta+i\sin\theta)^2=\cos 2\theta+i\sin 2\theta$$
偏角は，2 倍になります．

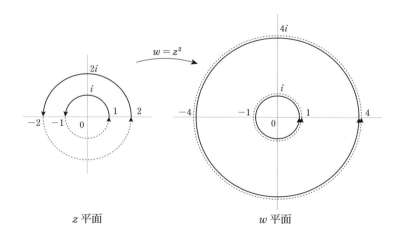

z 平面　　　　　　　　　　　w 平面

　点 z が，円 $|z|=1$ の上を 1 周するとき，点 w は，w 平面上の $|w|=1$ の上を 2 周します．$|z|=2$ の方は，半径が 4 の円に写されます．

先生　そうだね．

圭子 先生，$w=z^2$ というから，どこかに"放物線"が現われるものと思っていましたが見当たりません．どこへ行ってしまったのですか？

先生 なるほど，高校時代，$y=x^2$ は放物線．みんなよく知ってるね．

いまの場合，z 平面の円の半径 1，2 が，w 平面で，半径 1^2，2^2 の所に，"2次"が残るのみになってしまった．実関数のグラフ表現と，2枚の複素平面上の対応とは，関数の表現方法の違いから，放物線は表舞台には表われないのだ．

それでは，次の問題を解いてみてください．

[**例**] $w=z^2$ によって，w 平面上の2点 i，$2+i$ を結ぶ線分に写される z 平面上の図形を求め，それを図示せよ．

圭子 いままでとは逆の問題だわね．
貞人 逆像を求めるわけだね．
$$w=z^2=(x+iy)^2=(x^2-y^2)+i(2xy)$$
の実部，虚部を，それぞれ，u,v とすれば[3]
$$u=x^2-y^2, \quad v=2xy \quad \cdots\cdots ①$$
また，w 平面で，2点 $i, 2+i$ を結ぶ線分は，
$$v=1, \quad 0 \leq u \leq 2 \quad \cdots\cdots ②$$
①を②へ代入すると，
$$2xy=1 \quad \cdots\cdots ③ \qquad 0 \leq x^2-y^2 \leq 2 \quad \cdots\cdots ④$$
したがって，求める図形は，双曲線③の不等式④を満たす部分である：

---

3) w 平面と uv 平面とを上手に使い分けている．

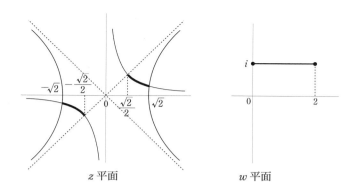

z 平面 　　　　　　　w 平面

● $w = \dfrac{1}{z}$ のイメージ

先生 今度は，$w = \dfrac{1}{z}$ だよ．

$$|w||z| = 1, \quad \arg w = -\arg z$$

となり，点 z から点 w が作図できるのだ．
右の図で，$|z||z'| = 1$ だからね．

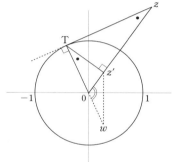

$w = \dfrac{1}{z}$ による z 平面，w 平面の対応は，図のようになる：

$|w||z| = 1$ より，円の内外が入れかわる．$\arg w = -\arg z$ より，実軸に関して対称になる．

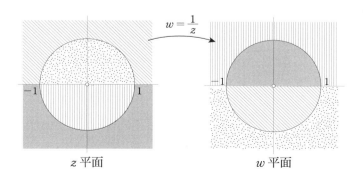

z 平面 　　　　　　　w 平面

先生 z, w 両平面の原点 0 には，対応する点がない．それを解消するために "無限遠点" なるものを導入するのだが．それは，後日のお楽しみということにしよう．

圭子・貞人 先生．本日は，ありがとうございました．

|||||||||| **演習問題** ||||||||||||||||||||||||||||||||||||||||||||||||||||||||||||||||||||||||||||||||||||

3.1 写像 $w = \dfrac{1}{z}$ によって，z 平面の $\operatorname{Re} z \geqq 1$ なる部分は，w 平面のどのような図形に写されるか．

3.2 写像 $w = 1 - \dfrac{i}{z}$ によって，z 平面の $\operatorname{Re} z = 1$ なる部分は，w 平面のどのような図形に写されるか．

Lesson 4 指数関数・対数関数

●●●●● $\log(-1)$ って何？ ●●●

圭子 先生，こんにちは．
貞人 よろしく，お願いいたします．
先生 やあ，よく来たね．まあ，掛けたまえ．

●指数関数

貞人 いよいよ，指数関数・対数関数ですね．
圭子 高校で教育実習の先生が，大学では，$\log(-1)$ のような**負数の対数**もやるんだって言ってました．興味津々です．
先生 そうなんだ．さて，複素指数関数 $w=e^z$ をどう考えるか？ だよ．一つの手掛かりは，**実関数**のマクローリン展開だ．

貞人
$$e^x = 1 + \frac{x}{1!} + \frac{x^2}{2!} + \frac{x^3}{3!} + \cdots\cdots$$

$$\cos x = 1 - \frac{x^2}{2!} + \frac{x^4}{4!} - \frac{x^6}{6!} + \cdots\cdots$$

$$\sin x = x - \frac{x^3}{3!} + \frac{x^5}{5!} - \frac{x^7}{7!} + \cdots\cdots$$

ですね．
先生 そう．そこで，いま，e^x の展開式が**複素数に対しても成立する**としたら，どうだろうか？ "百聞ハ実験ニ如カズ" というだろ．
試しに，$x=i\theta$ (θ：実数) とおいてみようか．はたして，

$$e^{i\theta} = 1 + \frac{i\theta}{1!} + \frac{(i\theta)^2}{2!} + \frac{(i\theta)^3}{3!} + \frac{(i\theta)^4}{4!} + \cdots\cdots$$
$$= \left(1 - \frac{\theta^2}{2!} + \frac{\theta^4}{4!} - \cdots\right) + i\left(\theta - \frac{\theta^3}{3!} + \frac{\theta^5}{5!} - \cdots\right)^{1)}$$
$$= \cos\theta + i\sin\theta$$

が出てくるね．

圭子 キレイな計算ですね．

先生 そこで，$e^{x+iy} = e^x e^{iy}$ を想定して，**あらためて**，e^z を次のように**定義する**のだ：

■ ポイント ─────────────────────────── e^z の定義 ─

$z = x + iy$ に対して，
$$e^z = e^x(\cos y + i\sin y)$$

▶ **注** ■は定義，●は定理に用いる．

簡単な具体例を挙げてみると，

(1) $e^{2+\frac{\pi}{6}i} = e^2\left(\cos\frac{\pi}{6} + i\sin\frac{\pi}{6}\right) = e^2\left(\frac{\sqrt{3}}{2} + \frac{1}{2}i\right)$

(2) $e^{1-\pi i} = e^1(\cos(-\pi) + i\sin(-\pi)) = -e$

(3) $e^{\pi i} = \cos\pi + i\sin\pi = -1$

圭子 $e^{\pi i} = -1$ ですよね．ならば，$\log(-1) = \pi i$ かしら？

先生 そう，その通り！ でもね．
$$e^{\pm i} = e^{\pm 3i} = e^{\pm 5i} = \cdots = -1$$
だね．複素対数 log は，じつに，**無限多価関数**なのです：
$$\log(-1) = \pm i, \ \pm 3i, \ \pm 5i, \ \cdots$$

さて，上の定義で，とくに，$z = x$（実数）の場合，e^z は e^x になるので，上の e^z の定義は，**実関数 e^x の拡張**になっていることが分かるね．

---

1) 項の順序交換などできるものとして計算を進める．

また，とくに，$z = i\theta$（純虚数）の場合は，

■ ポイント — オイラーの公式

$$e^{i\theta} = \cos\theta + i\sin\theta$$

先生 このオイラー[2]の公式は，理工系の多くの科目に頻出する**必須中の必須公式**なのです．ぜひ，しっかり頭に入れておいてほしいな．

[例] 次の複素数を，$re^{i\theta}$（$r > 0$, $-\pi < \theta \leq \pi$）の形で表わせ．
　(1) $1 + \sqrt{3}\,i$ 　　　　　　　　(2) $1 - i$

解 まず，極形式 $r(\cos\theta + i\sin\theta)$ の形に変形する．

(1) $1 + \sqrt{3}\,i = 2\left(\dfrac{1}{2} + \dfrac{\sqrt{3}}{2}i\right) = 2\left(\cos\dfrac{\pi}{3} + i\sin\dfrac{\pi}{3}\right) = 2e^{\frac{\pi}{3}i}$

(2) $1 - i = \sqrt{2}\left(\dfrac{\sqrt{2}}{2} - \dfrac{\sqrt{2}}{2}i\right) = \sqrt{2}\left(\cos\left(-\dfrac{\pi}{4}\right) + i\sin\left(-\dfrac{\pi}{4}\right)\right) = \sqrt{2}\,e^{-\frac{\pi}{4}i}$

先生 e^z の基本性質を挙げておきましょう：

● ポイント — e^z の基本性質

(1) $e^{z_1 + z_2} = e^{z_1} e^{z_2}$, 　 $e^{z_1 - z_2} = \dfrac{e^{z_1}}{e^{z_2}}$ 　　　[指数法則]

(2) $e^{nz} = (e^z)^n$ 　（$n = 0, \pm 1, \pm 2, \cdots$）

(3) $e^{z + 2n\pi i} = e^z$ 　（$n = 0, \pm 1, \pm 2, \cdots$）　　[周期性]

先生 　　　　　　　　$z_1 = x_1 + iy_1$, 　$z_2 = x_2 + iy_2$

---

2) 　Euler. L （1707–1783）

とおけば，自然に証明できるので，貞人君どうかな．

貞人 はい．(1)ですが，

$$
\begin{aligned}
e^{z_1}e^{z_2} &= e^{x_1+iy_1}e^{x_2+iy_2} \\
&= e^{x_1}(\cos y_1 + i\sin y_1)e^{x_2}(\cos y_2 + i\sin y_2) \\
&= e^{x_1}e^{x_2}\{(\cos y_1\cos y_2 - \sin y_1\sin y_2) + i(\sin y_1\cos y_2 + \cos y_1\sin y_2)\} \\
&= e^{x_1+x_2}\{\cos(y_1+y_2) + i\sin(y_1+y_2)\} \\
&= e^{(x_1+x_2)+i(y_1+y_2)} = e^{z_1+z_2}
\end{aligned}
$$

もう一方も，この性質を用いて，

$$e^{z_1-z_2} \cdot e^{z_2} = e^{(z_1-z_2)+z_2} = e^{z_1}$$

から得られます．

(2) $z = x + iy$ とおきます．

$$(e^z)^n = \{e^x(\cos y + i\sin y)\}^n = (e^x)^n(\cos y + i\sin y)^n = (e^{nx})(\cos ny + i\sin ny)$$
$$= e^{nx}e^{iny} = e^{n(x+iy)} = e^{nz}$$

(3) $e^{z+2n\pi i} = e^z e^{2n\pi i} = e^z(\cos 2n\pi + i\sin 2n\pi) = e^z$

この周期性は，実関数 $y = e^x$ の持っていない性質ですね．

● $w = e^z$ のイメージ

先生
$$w = e^z = e^{x+iy} = e^x(\cos y + i\sin y)$$

の実部 u，虚部 v は，

$$u = e^x\cos y, \quad v = e^x\sin y \quad \cdots\cdots (*)$$

だね．$w = e^z$ は，基本周期 $2\pi i$ の周期関数だから，たとえば，$-\pi < y \leqq \pi$ の部分だけを考えればよいね．そこで，上の式(*)で，$x = a$ とおけば，

$$u = e^a\cos y, \quad v = e^a\sin y$$

これから，y を消去してしまえば，

$$u^2 + v^2 = (ea)^2$$

したがって，

z 平面の線分 $x = a$，$-\pi < y \leqq \pi$

は，$w = e^z$ によって，

平面の中心 0，半径 e^a の円　$u^2+v^2=(e^a)^2$
に写されることが分かるね．

それでは，a のいろいろな値について，以上の状況を図示してみよう．

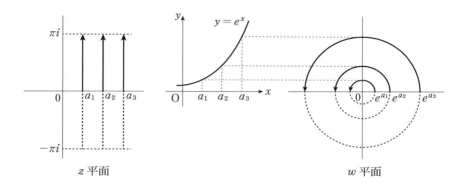

まん中の $y=e^x$ のグラフは，w 平面の円の半径を作図するための補助図形です．

貞人　$w=e^z$ が周期 $2\pi i$ の周期関数だというのは，右の図のようになっているということですね．

先生　そうそう．

圭子　なるほど，分かってきました．

貞人　たとえば，z 平面 $(x,y$ 平面$)$ の帯 $-\pi<y<\pi$ 全体は，原点 0 以外の全 w 平面に写されるわけですね．

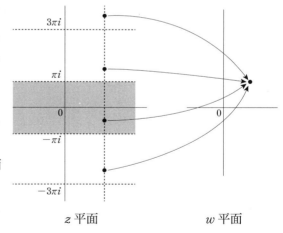

●対数関数

先生 対数関数は，指数関数の逆関数として導入します：

■ポイント ─────────────────────────── $\log z$ の定義

$$w = \log z \iff z = e^w \quad (z \neq 0)$$

圭子 実関数の場合も，そうでした．

先生 そうだったね．さて，いま，$w = u + iv$ とおけば，

$$z = e^w = e^{u+iv} = e^v(\cos v + i \sin v)$$

だから，z の絶対値と偏角は，

$$\begin{cases} |z| = e^u \\ \arg z = v \end{cases} \quad \therefore \quad \begin{cases} u = \log|z| \\ v = \arg z \end{cases}$$

したがって，

$$w = u + iv = \log|z| + i \arg z$$

なのだけれど，偏角 $\arg z$ は，無数の値をとるね．そこで，とくに，主値 $\operatorname{Arg} z$ をとったときの $\log z$ を，大文字を使って，$\operatorname{Log} z$ とかき，$\log z$ の **主値** といいます．一般には，先ほども話に出たように，無限多価関数で，

$$z = |z|e^{i \arg z} \text{ の両辺の } \log \text{ をとる}$$

と憶えておくといいよ．

●ポイント ───────────────────────────── 対数関数

(1) $\log z = \log_e |z| + i(\operatorname{Arg} z + 2n\pi) \quad (n = 0, \pm 1, \pm 2, \cdots)$

(2) $\operatorname{Log} z = \log_e |z| + i \operatorname{Arg} z \quad$ (主値)

ここで，$\log_e |z|$ は，正の実数 $|z|$ の **実対数** です．複素対数と区別するため，$\log_e |z|$ とかきました．

> [例] 次の複素数 z について,$\log z$,$\text{Log}\, z$ を,$x+iy$ の形で表わせ.
> (1) $1-\sqrt{3}\,i$ (2) $-i$

解 まず,z を極形式で表わす.

(1) $z = 1-\sqrt{3}\,i = 2\left(\dfrac{1}{2}-\dfrac{\sqrt{3}}{2}i\right) = 2\left\{\cos\left(-\dfrac{\pi}{3}\right)+i\sin\left(-\dfrac{\pi}{3}\right)\right\}$

$|z|=2$,$\text{Arg}\, z = -\dfrac{\pi}{3}$ だから,

$$\log z = \log_e 2 + \left(-\dfrac{\pi}{3}+2n\pi\right)i \quad (n=0,\pm 1,\pm 2,\cdots)$$

$$\text{Log}\, z = \log_e 2 - \dfrac{\pi}{3}i$$

(2) $z = -i = 1\cdot\left\{\cos\left(-\dfrac{\pi}{2}\right)+i\sin\left(-\dfrac{\pi}{2}\right)\right\}$

$|z|=1$.$\text{Arg}\, z = -\dfrac{\pi}{2}$ だから,

$$\log z = \left(-\dfrac{\pi}{2}+2n\pi\right)i \quad (n=0,\pm 1,\pm 2,\cdots)$$

$$\text{Log}\, z = \log_e 1 + \left(-\dfrac{\pi}{2}\right)i = -\dfrac{\pi}{2}i$$

● $w=\text{Log}\, z$ のイメージ

先生 $w=\log z$ は,無限多価関数なので,ここでは,主値 $\text{Log}\, z$ について,簡単に分かる性質を見て行こう.

$$z = r(\cos\theta+i\sin\theta) \quad (-\pi<\theta\leqq\pi)$$

とおけば,

$$w = \text{Log}\, z = \log_e r + i\theta$$

とかけるので,次の性質は,ほぼ明らかでしょう:
 (1) z 平面の原点中心の円は,w 平面の垂直線分に写る.
 (2) z 平面の原点が端点の半直線は,w 平面の水平線に写る.
 (3) 原点 0 を除いた全 z 平面は,水平無限帯状に写る.

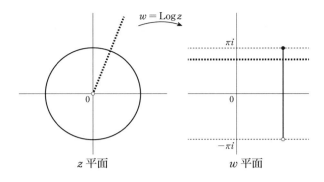

z 平面 　　　　　　　　w 平面

●取り扱い要注意公式

先生 複素数の世界では，対数関数は，多価関数ですね．だから，実関数での公式が，**そのままの形で成立するとは限りません**．

　　　●ポイント　　　　　　　　　　　　　　　**取り扱い要注意公式**

次の等式は，左辺の取る値の全体と，右辺の取る値の全体とは，**必ずしも一致しない**．すなわち，
　　　　両辺の取る値の中で，たまたま等しい値があるにすぎない．
(1) $\log e^z = z$ 　（$e^{\log z} = z$ は，つねに成立する）
(2) $\log z_1 z_2 = \log z_1 + \log z_2$
(3) $\log z^n = n \log z$,　$\operatorname{Log} z^n = n \operatorname{Log} z$

貞人 実関数の場合と同様に，これらの等式は，一応は証明できるのですが…．

先生 $\log z$ といっても，多くの値をもっているのでね…．
(1) 正しくは，次のようだ：
$$\log e^z = z + 2n\pi i \quad (n = 0, \pm 1, \pm 2, \cdots)$$
(2) 主値の場合でも，$\operatorname{Log} z_1 z_2 = \operatorname{Log} z_1 + \operatorname{Log} z_2$

が成立するのは，なんと，
$$-\pi < \mathrm{Arg}\, z_1 + \mathrm{Arg}\, z_2 \leq \pi$$
のときだけなんだ．確認しておいてね．

(3) たとえば，
$$\begin{cases} \log(-1)^2 = \log 1 = 2n\pi i \quad (n=0,\pm 1,\pm 2,\cdots) \\ 2\log(-1) = 2\cdot(2n+1)\pi i \quad (n=0,\pm 1,\pm 2,\cdots) \end{cases}$$
$$\begin{cases} \mathrm{Log}(-1)^2 = \mathrm{Log}\, 1 = 0 \\ 2\,\mathrm{Log}(-1) = 2\pi i \end{cases}$$

圭子 なるほど，そうですね．

先生 要注意公式を，後に追加することもあるかもしれないが，今回は，ここまでにしようか．次回は，三角関数だ．

貞人・圭子 先生，本日は，ありがとうございました．

|||||||||| **演習問題** ||||||||||||||||||||||||||||||||||||||||||||||||||||||||||||||||||||||||

4.1 次の複素数 z を，$re^{i\theta}$ ($r>0$, $-\pi<\theta\leq\pi$) の形で表わせ．
(1) $1+i$
(2) $\sqrt{3}+i$

4.2 次の複素数 z について，$\log z$, $\mathrm{Log}\, z$ を，$x+iy$ の形で表わせ．
(1) $1+\sqrt{3}\,i$
(2) 1

Lesson 5 三角関数

●●●●● 三角関数と指数関数は兄弟姉妹 ●●●

圭子 先生，こんにちは．
貞人 よろしく，お願いいたします．
先生 やあ，よく来たね．まあ，掛けたまえ．

●三角関数

先生 それでは，始めましょう．

今日は，三角関数です．三角関数を定義したいのですが，はじめから三角関数を定義するのは大変．すでに定義されている関数を用いる方法 ── といえば，指数関数だね．そこで，指数関数と三角関数との**繋ぎ役**といえば？

貞人 **オイラーの公式**ですか．
先生 そうだね．オイラーの公式
$$e^{i\theta} = \cos\theta + i\sin\theta$$
この θ の代わりに，$-\theta$ とおいて，
$$e^{-i\theta} = \cos\theta - i\sin\theta$$
この二つの式から，
$$\cos\theta = \frac{e^{i\theta}+e^{-i\theta}}{2}, \quad \sin\theta = \frac{e^{i\theta}-\theta^{-i\theta}}{2i}$$

そこで，複素三角関数 $\cos z, \sin z, \tan z$ を，**あらためて次のように定義します**，という手順だな：

> **■ポイント** ─────────────────────── **cos・sin・tan の定義**
>
> $$\cos z = \frac{e^{iz}+e^{-iz}}{2}, \quad \sin z = \frac{e^{iz}-e^{-iz}}{2i}, \quad \tan z = \frac{\sin z}{\cos z}$$

貞人 とくに，$z = x$ (実数) のとき，実関数と一致するので，この定義は，実関数の拡張になっている，というわけですね．

先生 ただし，三角関数としてふさわしい性質をもっているか否かは，これからの検証だがね．

圭子 上の定義の具体例を作ってみます．

$$\sin i = \frac{e^{i \cdot i} - e^{-i \cdot i}}{2i} = \frac{e^{-1}-e^{1}}{2i} = \frac{i}{2}\left(e - \frac{1}{e}\right)$$

$$\cos \pi i = \frac{e^{i \cdot \pi i} + e^{-i \cdot \pi i}}{2} = \frac{e^{-\pi}+e^{\pi}}{2} = \frac{1}{2}\left(e^{\pi} + \frac{1}{e^{\pi}}\right)$$

$e^{\pi} > 2$ は明らかですから，$|\cos \pi i| \leq 1$ は成立しませんね．

●三角関数の基本公式

先生 でも，次の基本公式は，複素三角関数でも成立するんだ：

●相互関係

$\cos^2 z + \sin^2 z = 1$

$\tan z = \dfrac{\sin z}{\cos z}$

●加法定理

$\cos(z_1 + z_2) = \cos z_1 \cos z_2 - \sin z_1 \sin z_2$

$\sin(z_1 + z_2) = \sin z_1 \cos z_2 + \cos z_1 \sin z_2$

$\tan(z_1 + z_2) = \dfrac{\tan z_1 + \tan z_2}{1 - \tan z_1 \tan z_2}$

●オイラーの公式

$e^{iz} = \cos z + i \sin z$

●周期性

$\cos(z + 2n\pi) = \cos z$

$\sin(z + 2n\pi) = \sin z$

$\tan(z + n\pi) = \tan z$

●偶奇の公式

$\cos(-z) = \cos z$

$\sin(-z) = -\sin z$

$\tan(-z) = -\tan z$

先生　証明は，まずオイラーの公式からやってみて下さい．

貞人　上の cos, sin の定義によって，

$$\cos z + i \sin z = \frac{e^{iz}+e^{-iz}}{2} + i\frac{e^{iz}-e^{-iz}}{2i} = e^{iz}$$

と，自然にできてしまいました．

先生　次は，相互関係と加法定理だ．いま証明したオイラーの公式より，

$$e^{iz} = \cos z + i \sin z$$
$$e^{-iz} = \cos z - i \sin z$$

この二つの等式を辺ごとに掛ければ，ただちに，

$$1 = \cos^2 z + \sin^2 z$$

加法定理も，

$$\cos z_1 \cos z_2 = \frac{e^{iz_1}+e^{-iz_1}}{2}\frac{e^{iz_2}+e^{-iz_2}}{2}$$
$$= \frac{1}{4}\{e^{i(z_1+z_2)} + e^{i(z_1-z_2)} + e^{-i(z_1-z_2)} + e^{-i(z_1+z_2)}\}$$

同様に，

$$\sin z_1 \sin z_2 = \frac{1}{4}\{-e^{i(z_1+z_2)} + e^{i(z_1-z_2)} + e^{i(z_1-z_2)} - e^{i(z_1+z_2)}\}$$

が得られ，これらの二つの式から，

$$\cos z_1 \cos z_2 - \sin z_1 \sin z_2 = \frac{e^{i(z_1+z_2)}+e^{-i(z_1+z_2)}}{2} = \cos(z_1+z_2)$$

$\sin(z_1+z_2)$ も同様にできるので，また，他の公式も君たちにまかせるとしよう．

さて，次は，双曲線関数 $\cosh z, \sinh z$ だけれど，これは，指数関数 e^z の**偶部・奇部**を表わすものだ．定義式をよく見ると，そう見えると思うが．

●双曲線関数

先生 まず，実双曲線関数の復習だ．

$$\cosh x = \frac{e^x + e^{-x}}{2}$$

$$\sinh x = \frac{e^x - e^{-x}}{2}$$

$$\tanh x = \frac{\sinh x}{\cosh x}$$

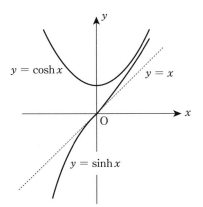

そこで，複素双曲線関数を，**あらためて**，次のように定義する：

■ポイント   cosh・sinh・tanh の定義

$$\cosh z = \frac{e^z + e^{-z}}{2}, \quad \sinh z = \frac{e^z - e^{-z}}{2}, \quad \tanh z = \frac{\sinh z}{\cosh z}$$

先生 cosh, sinh tanh の読み方は，それぞれ，

hyperbolic cosine（ハイパボリック コサイン）, hyperbolic sine（ハイパボリック サイン）, hyperbolic tangent（ハイパボリック タンジェント）

だったね．

この双曲線関数と三角関数のあいだには，次の関係が成立します：

●相互関係

$$\cosh^2 z - \sinh^2 z = 1 \qquad \cosh z = \cos iz$$

$$\tanh z = \frac{\sinh z}{\cosh z} \qquad \sinh z = -i \sin iz$$

$$\tanh z = -i \tan iz$$

●三角関数の実部・虚部

$$\cos(x + iy) = \cos x \cosh y - i \sin x \sinh y$$

$$\sin(x + iy) = \sin x \cosh y + i \cos x \sinh y$$

先生 証明は，どれも自然にできるので，君たちにおまかせしよう．たとえば，$\cosh^2 z - \sinh^2 x = 1$ は，三角関数の場合と同じことだが，
$$\cosh^2 z - \sinh^2 z = (\cosh z - \sinh z)(\cosh z + \sinh z)$$
と因数分解すれば，暗算でもできるね．

●逆三角関数

先生 文字通り，三角関数の逆関数だよ：

■ポイント ──────────── $\cos^{-1} \cdot \sin^{-1} \cdot \tan^{-1}$ の定義 ─

$$w = \cos^{-1} z \iff z = \cos w$$
$$w = \sin^{-1} z \iff z = \sin w$$
$$w = \tan^{-1} z \iff z = \tan w$$

先生 逆三角関数は，四則・$\sqrt{}$・log の組合せで，次のように表わされます：

●逆三角関数の公式

(1) $\cos^{-1} z = -i \log(z + \sqrt{z^2 - 1})$

(2) $\sin^{-1} z = -i \log(iz + \sqrt{1 - z^2})$

(3) $\tan^{-1} z = \dfrac{1}{2i} \log \dfrac{i-z}{i+z}$

貞人 実数の場合によく似た公式ですね．
(2), (3) も同様でしょうから，(1) だけ証明してみます．
$$w = \cos^{-1} z$$
とおきますと，
$$z = \cos w = \frac{e^{iw} + e^{-iw}}{2} = \frac{1}{2}\left(e^{iw} + \frac{1}{e^{iw}}\right)$$
$$\therefore\ (e^{iw})^2 - 2z(e^{iw}) + 1 = 0$$
e^{iw} の 2 次方程式を解いて，
$$e^{iw} = z + \sqrt{z^2 - 1}$$

$$\therefore \quad iw = \log(z + \sqrt{z^2 - 1})$$
$$w = -i\log(z + \sqrt{z^2 - 1})$$

先生 そうだね．この公式で，$\sqrt{}$ は，2価関数 $()^{\frac{1}{2}}$ のことだから，$\pm\sqrt{}$ とする必要はないのだ．$\sqrt{}$ ，一般に，複素数の複素数乗 α^β は，次回キチンとやります．

貞人・圭子 はい．

先生 また，$\tan^{-1}$ の公式も，実数の場合の習慣で，$\log\left|\dfrac{i-z}{i+z}\right|$ のように無意識に，絶対値をつけてしまわないこと．いいね．

● $w = \sin z$ のイメージ

先生 $w = \sin z$ によって，z 平面の垂直線 $x = a$ と水平線 $y = b$ が，w 平面のどんな図形に写されるか調べてみよう．
$$w = \sin z = \sin(x + iy) = \sin x \cosh y + i\cos x \sinh y$$
だったから，w の実部 u，虚部 v は，
$$u = \sin x \cosh y, \quad v = \cos x \sinh y \qquad \cdots\cdots (\ast)$$
だね．この式の中の $\sin x$ も $\cos x$ も，周期 2π の周期関数だから．たとえば，$-\pi < a \leqq \pi$ なる a について考えればいいね．

Ⅰ．上の $(\ast)$ で，$x = a$ とおけば，
$$u = \sin a \cosh y, \quad v = \cos a \sinh y \qquad \cdots\cdots (\ast\ast)$$
$$\therefore \quad \cosh y = \frac{u}{\sin a}, \quad \sinh y = \frac{v}{\cos a}$$
これらを，等式 $\cosh^2 y - \sinh^2 y = 1$ へ代入すれば，
$$\frac{u^2}{(\sin a)^2} - \frac{v^2}{(\cos a)^2} = 1$$

（ⅰ）分母 $\neq 0$ すなわち，$a \neq 0, a \neq \pi, a \neq \pm\pi/2$ のとき：

これは**双曲線**だね．a のいくつかの値について，図を描いてみよう．

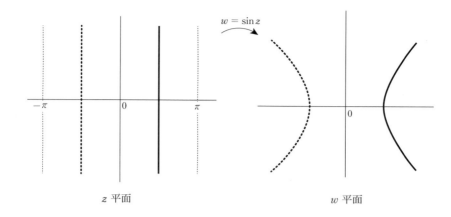

z 平面　　　　　　　　　w 平面

(ⅱ) $a=0$ または，$a=\pi$ のとき，$(**)$より，
$$u\sin a\cosh y=0,\quad v\cos a\sinh y=\pm\sinh y$$
だから，z 平面の直線 $x=a$ は，w 平面の直線 $u=0$ に写される．

(ⅲ) $a=\pm\pi/2$ のとき，$(**)$より，
$$u=\pm\cosh y,\quad v=0$$

ところが，$\cosh y \geqq 1$ だから，z 平面の直線 $x=a$ は，w 平面の 2 本の半直線 $v=0\ (|u|\geqq 1)$ に写されるわけだね．まとめて図を描こう．

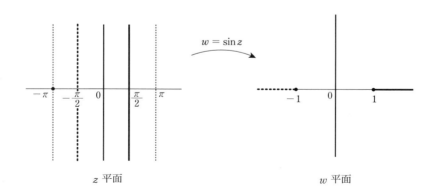

z 平面　　　　　　　　　w 平面

貞人　a が，$0,\pi,\pm\pi/2$ に近づくとき，双曲線も，これらの直線，半直

線に近づいていくんですね．

先生 そうだよ．さて，次は，水平線 $y=b$ の番だ．

Ⅱ．上の(*)で，$y=b$ とおけば，
$$u=\sin x\cosh b, \quad v=\cos x\sinh b$$

（ⅰ）$b\neq 0$ のとき，$\sinh b\neq 0$ だから，
$$\sin x=\frac{u}{\cosh b}, \quad \cos x=\frac{v}{\sinh b}$$

これらを，等式 $\sin^2 x+\cos^2 x=1$ へ代入すれば，
$$\frac{u^2}{(\cosh b)^2}+\frac{v^2}{(\sinh b)^2}=1$$

これは，少し横に長い**楕円**だね．z 平面の線分 $y=b$ $(-\pi<x\leqq\pi)$ は，w 平面の楕円に写される．近ごろ，なぜか，楕円を惰円とかく学生がいるんだ．確率を確立ともね．

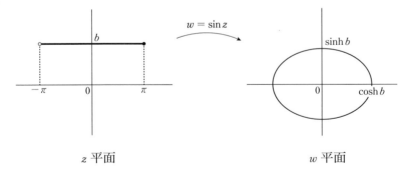

z 平面　　　　　　　　　　　w 平面

（ⅱ）$b=0$ のとき
$$u=\sin x\cosh 0=\sin x, \quad v=\cos x\sinh 0=0$$

ところが，$-1\leqq\sin x\leqq 1$ だから，$-1\leqq u\leqq 1$ だな．

したがって，z 平面の線分 $y=0$ $(-\pi<x\leqq\pi)$ は，w 平面の線分 $v=0$ $(-1\leqq u\leqq 1)$ に写されるわけだ．

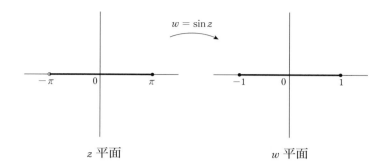

z 平面　　　　　　　　　w 平面

圭子　$b \to 0$ で，楕円が，ペチャンコになった場合ですね．

貞人　$w = \sin z$ は，いま教えていただいたので，$w = \cos z$ については，同じように，ぼくたちでできそうです．

圭子　前回も今回も，一番印象に残ったのは，やはり，**オイラーの公式**
$$e^{i\theta} = \cos\theta + i\sin\theta$$
です．どうして，こういうことを思いつくのでしょうか？

先生　そりゃあ，一世紀に何人という大天才の仕事だからね．

貞人　でも，ぼくにも，一応理解できますよ．大天才の音楽も，文学も，一般庶民にも十分鑑賞できるんですね．

先生　オイラーの公式は，累乗から発展した指数関数と，直角三角形の辺の比として誕生した三角関数との大いなる邂逅だな．そして，その仲を取り持つのが，2 次方程式ではむしろ厄介物扱いされた i ちゃんだとはね．

圭子　複素解析．興味津々です．

先生　ぼくも，君たちと一緒にやるのが楽しみだよ．

貞人・圭子　先生，本日は，どうもありがとうございました．

############ **演習問題** ############

5.1 次の値を求めよ．

(1) $\cos i$

(2) $\sin \pi i$

5.2 次の方程式を解け．

(1) $\sin z = 2$

(2) $\cos z = 2i$

Lesson 6 円円対応

●●●●● 直線は半径無限大の円 ●●●

圭子 先生，こんにちは．
貞人 よろしく，お願いいたします．
先生 やあ，よく来たね．まあ，掛けたまえ．

●複素ベキ乗

先生 それでは，始めましょう．

前回までに，指数・対数・三角関数など，一応やってきたので，最後は，複素ベキ乗です．複素数 α, β に対して，α^β を考えるわけです．

これは，実数 a, b についての次の等式の複素数への拡張です：
$$a^b = e^{\log a^b} = e^{b \log a}$$

■ポイント ─────────────────────── 複素ベキ乗

$$\alpha^\beta = e^{\beta \log \alpha}$$

と定義する．いま，$\alpha = re^{i\theta}$ $(-\pi < \theta \leq \pi)$ とすれば，
$$\alpha^\beta = e^{\beta(\log_e r + i(\theta + 2n\pi))} \quad (n = 0, \pm 1, \pm 2, \cdots)$$

とくに，$e^{\beta \operatorname{Log} \alpha} = e^{\beta(\log_e r + i\theta)}$ を，α^β の**主値**という．

貞人 定義に log が入っているので，**多価関数**ですね．
先生 そうそう．後で具体例をやると分かるけど，β が整数のとき，1価関数，β が有理数のとき，有限多価になるんだ．また，とくに，a, b が実数で，

$a>0$ でも，複素数の世界での a^b は，実数の意味での a^b 以外の値を取ることもあるのだ．

［例］次の複素数を，$a+ib$ または $re^{i\theta}$ の形で表わせ．
(1) $(1+i)^{1-i}$
(2) i^i
(3) $8^{\frac{1}{3}}$

解 (1) $(1+i)^{1-i} = e^{(1-i)\log(1+i)}$

ここで，$1+i = \sqrt{2}\, e^{\frac{\pi}{4}i}$ だから，

$$\log(1+i) = \log_e \sqrt{2} + i\left(\frac{\pi}{4} + 2n\pi\right)$$

$$(1+i)^{1-i} = e^{(1-i)\{\log_e \sqrt{2} + i(\frac{\pi}{4}+2n\pi)\}}$$

$$= e^{\log_e \sqrt{2} + (\frac{1}{4}+2\pi)\pi + i\{(\frac{1}{4}+2n)\pi - \log_e \sqrt{2}\}}$$

$$= \sqrt{2}\, e^{(\frac{1}{4}+2n)\pi} e^{i(\frac{\pi}{4} - \log_e \sqrt{2})} \quad (n = 0, \pm 1, \pm 2, \cdots)$$

(2) $\quad i^i = e^{i \log i} = e^{i\{\log_e |i| + i(\frac{\pi}{2}+2n\pi)\}}$

$$= e^{i\{0 + i(\frac{\pi}{2}+2n\pi)\}}$$

$$= e^{-(\frac{1}{2}+2n)\pi} \quad (n = 0, \pm 1, \pm 2, \cdots)$$

圭子 i^i は，なんと，実数なんですね．

先生 そう．こういうこともあるんだ．

(3) $\quad 8^{\frac{1}{3}} = e^{\frac{1}{3}\log 8} = e^{\frac{1}{3}(\log_e 8 + 2n\pi i)}$

$$= e^{\frac{1}{3}\log_e 8} e^{\frac{2}{3}n\pi i} \quad (n = 0, \pm 1, \pm 2, \cdots)$$

$$= 2e^{\frac{2}{3}n\pi i} \quad (n = 0, \pm 1, \pm 2, \cdots)$$

n がいろいろ変わっても，このうち，異なるのは，次の 3 個だけだね：

$$n = 3k \quad : 2e^0 = 2$$

$$n = 3k+1 : 2e^{\frac{2}{3}\pi i} = 2\left(\cos\frac{2}{3}\pi + i\sin\frac{2}{3}\pi\right) = -1 + \sqrt{3}\,i$$

$$n = 3k+2 : 2e^{\frac{4}{3}\pi i} = 2\left(\cos\frac{4}{3}\pi + i\sin\frac{4}{3}\pi\right) = -1 - \sqrt{3}\,i$$

ということで，**複素数の世界**では，$8^{\frac{1}{3}}$ は，3 個あって，
$$8^{\frac{1}{3}} = 2, \quad -1+\sqrt{3}\,i, \quad -1-\sqrt{3}\,i$$

●取り扱い要注意公式（続）

先生 複素ベキ乗について，次の点に少しコメントしておこう：
(1) $\alpha^{\beta_1+\beta_2} = \alpha^{\beta_1}\alpha^{\beta_2}$ の両辺の取り得る値は一致するのか？
(2) z の関数 "e の z 乗" e^z は，指数関数 e^z と一致するのか？

貞人 実数の場合と同様に，(1)は，一応証明できますが…．

圭子 えっ？ 指数関数 e^z って，e の z 乗じゃないんですか？

先生 という声あり，だから，コメントが必要なんだ．
原因は，α^β の**多価性**にあるわけで，ここでキチンと言っておこう．

まず，(1)だが "両辺の取る値の中に，たまたま等しいものがある" ということだが，もう少しくわしく言えば，次のようである：

$\alpha^{\beta_1+\beta_2}$ の一つの値に対して，$\alpha^{\beta_1}, \alpha^{\beta_2}$ の適当な値を取れば，この等式 $\alpha^{\beta_1+\beta_2} = \alpha^{\beta_1}\alpha^{\beta_2}$ が成立する．しかし，勝手な $\alpha^{\beta_1}, \alpha^{\beta_2}$ の値に対しては，$\alpha^{\beta_1}\alpha^{\beta_2}$ は，$\alpha^{\beta_1+\beta_2}$ の一つの値になるとはかぎらない．ぜひ**具体例で確認**して欲しいな．

(2)は，**一致しない**ことは，すぐ分かるね．

たとえば，指数関数 e^z の $z = \frac{1}{2}$ のときの値は，実数の $\sqrt{e}$ だけだ．しかし，e の $\frac{1}{2}$ 乗は，$\sqrt{e}, -\sqrt{e}$ の二つあるからね．

こう考えると，指数関数には，$\exp z$ のような**別の記号**を用いるべきだったけれど，浮き世の習慣にしたがって，e^z を使った次第です．

●無限遠点

先生 このセミナーの 3 回目のときだったかな．$w = 1/z$ を少しやったね．

あのとき，写像 $w=1/z$ によって，z 平面の点は，w 平面の点に写るけれども，実関数のように，"分母 $\neq 0$"としたので，z, w 両平面に一点ずつ対応点をもたない点ができてしまうね．

そこで，この例外を除くために，複素平面に，**無限遠点**とよび，∞ と記す**仮想的な点**を追加するのだ．無限遠点を追加した複素平面を，**拡張複素平面**というのだ．

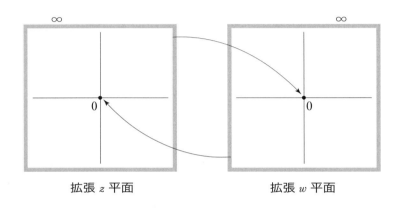

拡張 z 平面　　　　　　　　拡張 w 平面

貞人　無限に遠い「点」とは？　この図では，点に見えませんが….
圭子　何か漠然として，よくわかりません．
先生　そのために，"リーマン球面"というものを考えるのだ．
複素平面の原点 0 を中心とする半径 1 の球を，**リーマン球面**とよぼう．

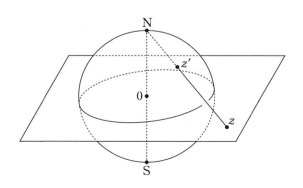

Lesson 6. 円円対応

　複素平面に垂直な直径を NS とする．N は北極，S は南極を想定しているんだ．

　いま，z を複素平面上の任意の点としよう．このとき，直線 Nz と球面との交点を z' とする．点 z が 0 から遠くなるほど，対応する点 z' は北極 N に近づくね．そうだね．そこで，無限遠点 ∞ のパートナーを N とすれば，**拡張複素平面上の点と，リーマン球面上の点とは，完全に一対一に対応する**ことが分かるね．この対応を N からの**立体射影**というのだ．無限に大きい風呂敷を，四方八方から包み込んで，一つの無限遠点で結んだ状況を想像してみたまえ．

　じつは，立体射影によって，複素平面とリーマン球面のあいだに，

$$\text{円} \longleftrightarrow \infty \text{ を通らない円}$$
$$\text{直線} \longleftrightarrow \infty \text{ を通る円}$$

という対応があることが知られているのだ．これは，計算でキチンと証明することもできるのだが，ここでは，次の図によってこの状況を見ていただこう：

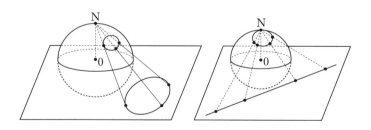

圭子　先生，無限遠点 ∞ は，$\lim_{x \to +\infty}$ の $+\infty$ とは違うんですね．

先生　同じような記号なので混同しがちだが，**別物**なんです．

　∞ について，次の演算規則だけは頭に入れておいて欲しいんだ：

(1) 複素定数 α, β （ただし，$\beta \neq 0$）に対して，

$$\alpha + \infty = \infty + \alpha = \infty, \quad \frac{\alpha}{\infty} = 0, \ \beta \times \infty = \infty \times \beta = \infty, \quad \frac{\beta}{0} = \infty$$

(2) $\infty - \infty, \ 0 \times \infty, \ \dfrac{\infty}{\infty}, \ \dfrac{0}{0}$ は，考えない．

55

●円円対応

先生 ここでの目標は，次の定理です：

●ポイント 　　　　　　　　　　　　　　　　　　　　　　　　　　円円対応

写像 $w = \dfrac{1}{z}$ によって，円は円または直線に，直線も円または直線に写される．

先生 いつものように，$z = x+iy$，$w = u+iv$ とおこう．

$$z = \frac{1}{w} = \frac{\overline{w}}{w\overline{w}} = \frac{\overline{w}}{|w|^2} = \frac{u-iv}{u^2+v^2}$$

したがって，

$$x = \frac{u}{u^2+v^2}, \quad y = -\frac{v}{u^2+v^2} \qquad \cdots\cdots (*)$$

また，

$$x^2 + y^2 = |z|^2 = \frac{1}{|w|^2} = \frac{1}{u^2+v^2}$$

さて，変換式 $(*)$ を，z 平面の円または直線の方程式

$$a(x^2+y^2) + bx + cy + d = 0 \qquad \cdots\cdots ①$$

へ代入すれば，

$$\frac{a}{u^2+v^2} + \frac{bu}{u^2+v^2} - \frac{cv}{u^2+v^2} + d = 0$$

$$\therefore \quad d(u^2+v^2) + bu - cv + a = 0 \qquad \cdots\cdots ②$$

したがって，写像 $w = \dfrac{1}{z}$ によって，z 平面の図形①は，w 平面の図形②へ写される．係数 a, d が 0 か否かによって分類すれば，①，②の表わす図形は，次のようになるね．これで，めでたく証明完了というわけだ．

	z 平面上の図形	w 平面上の図形
$a=0,\ d=0$	原点を通る直線	原点を通る直線
$a=0,\ d\neq 0$	原点を通らない直線	原点を通る円
$a\neq 0,\ d=0$	原点を通る円	原点を通らない直線
$a\neq 0,\ d\neq 0$	原点を通らない円	原点を通らない円

貞人 高校数学大活躍ですね．

圭子 なので，わたしにも，よく分かりました．

先生 ところで，直線を**半径無限大の円**と考えると，写像 $w=1/z$ によって，z 平面の円は，w 平面の円に写されるわけで，これを**円円対応**とよぶわけね．

もっとも，リーマン球面上では，どちらも"円"であって，∞ を通るか否かという性質が，複素平面では，円と直線という異なった形に見えてくるということなんだが．

貞人・圭子 ……(しばらく考えている) そうですね…．

先生 ところで，一般に，1次分数関数

$$w = \frac{cz+d}{az+b}$$

を，単に，**1次関数**という習慣があるけど，この1次関数によって，z 平面の円は，w 平面の円に写されるのだ．これは，自明に近く，具体例で説明しよう．たとえば，1次関数

$$w = \frac{4z+5}{2z+1}$$

を考えよう．

$$w = \frac{4z+5}{2z+1} = 2 + \frac{3}{2z+1}$$

は，次のような関数の合成になるね：

$$z \xrightarrow{\text{Ⓐ}} 2z+1 \xrightarrow{\text{Ⓑ}} \frac{1}{2z+1} \xrightarrow{\text{Ⓒ}} 2+\frac{3}{2z+1}$$

Ⓐ：相似回転して，平行移動

Ⓑ：反 転

Ⓒ：相似回転して，平行移動

これら Ⓐ，Ⓑ，Ⓒ によって，円は円に写るから，円円対応は，当然だね．

貞人・圭子 なるほど，そうですね．

先生 ところで，$w=1/z$ が円円対応だというけれど，これは，**円周が円周に写される**，ということだった．そうだね．

それでは，円の**内部**は，どこへ写されるのかな？ よく考えてみて．

圭子 原点 0 は ∞ に写されるんでしたね．だから，z 平面の円が，**原点 0 を含むかどうか**で，様子が反対になりそうね．

貞人 先生，直線も円と見るのでしたね．そうすると，"内部"って，いったい何処(どこ)なのですか？

先生 なるほど，貞人くん，いい所に気づいたね．

後日，複素積分を定義するとき，一般に，複素平面上の"曲線"を考えるのだが，曲線には，つねに"方向"を考えるのだ．

そのとき，曲線上を，その方向にしたがって進むとき，**左手に見える側を内部とよぶ**こととするのだ．これは，**数学用語**であって，日常語じゃないんだよ．

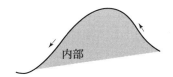
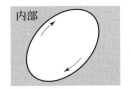

●複素解析

圭子 先生．ちょっと質問ですが，今日，はじめに，"最後は複素ベキ乗です"とおっしゃったと思いますが，他にもっといろいろな関数は，やらないのですか？

貞人 ぼくも，もっと新しい関数が出てきて，その性質をくわしく調べるのが複素解析だと思っていました．

先生 それは，**複素解析の応用**の話なんだ．いま複素解析ということが多いが，ぼくの学生時代は"函数論(かんすうろん)"と言っていたけど，具体的な関数の具体的

な性質を深く調べるのではなく，複素関数 $f(z)$ が一般にどんな性質をもっているのか —— それを研究するのが，複素解析学なんだ．

圭子 そうなんですか．

先生 次回から，いよいよ，複素関数の"微分法"に入るよ．

貞人・圭子 楽しみにしています．本日は，どうもありがとうございました．

演習問題

6.1 次の複素数を，$a+ib$ または $re^{i\theta}$ の形で表わせ．

(1) $(1+\sqrt{3}\,i)^{1+i}$

(2) $(1-i)^i$

6.2 $w=\dfrac{1}{z}$ $(z=x+iy)$ によって，直線 $x+y=1$ は，どんな図形に写されるか．

Lesson 7 複素関数の微分法

●●●●● 正則関数は超滑らかな関数 ●●●

圭子 先生,こんにちは.
貞人 よろしく,お願いいたします.
先生 やあ,よく来たね.まあ,掛けたまえ.

●複素関数の微分法

先生 えー,今回から,複素関数の微分法に入ります.
貞人 複素関数 $w=f(z)$ の微分法といっても,実関数と同じように,
$$f'(z)=\lim_{\Delta z\to 0}\frac{f(z+\Delta z)-f(z)}{\Delta z}$$
で,いいんじゃないですか?
圭子 わたしも,そう思いますが.
先生 もちろん,そうだけれども,まず,$\Delta z\to 0$ のように"何々が何々に限りなく近づく"という**複素関数の極限**というものを考えなければならないね.また,実関数の場合,関数の定義域は,ふつう,$a<x<b$ という数値線上の開区間,$a\leq x\leq b$ という閉区間だったね.

ところが,複素関数の定義域は,複素平面の部分集合だけれど,"領域"とよばれる部分集合が,ふつうなんだ.

そこで,複素関数の"極限値"と,複素平面の"領域"について,一応,キチンと説明しておこう.

●複素関数の"極限値"

先生 複素変数 z が複素定数 α に"限りなく近づく"ということを,z と α との距離 $|z-\alpha|$ が 0 に限りなく近づくこと,すなわち,
$$|z-\alpha| \longrightarrow 0$$
と考えて,次のように定義します:

■ポイント ─────────────── **複素関数の極限値**
$$|z \to \alpha| \to 0 \quad \text{ならば} \quad |f(z)-\beta| \to 0$$
のとき,β を $z \to \alpha$ のときの $f(z)$ の**極限値**といい,
$$\lim_{z \to \alpha} f(z) = \beta \quad \text{または,} \quad f(z) \to \beta \ (z \to \alpha)$$
などと記す.

貞人 $|z-\alpha| \to 0$,$|f(z)-\beta| \to 0$ という**実関数の極限値を通して**複素関数の極限値を定義するわけですね.

先生 そうなんだ.ところで,いま,
$$z = x+iy, \quad \alpha = a+ib$$
とおいてみようか.図をかけば,明らかだが,
$$|z-\alpha| \leq |x-a| + |y-b|$$
$$0 \leq |x-a| \leq |z-\alpha|$$
$$0 \leq |y-b| \leq |z-\alpha|$$
が成立することは,いいね.これらの式から,次が出るだろう:
$$z \to \alpha \iff x \to a \text{ かつ } y \to b$$

すなわち,**複素数の収束性は,実部・虚部の収束性と同値**になります.

関数の極限値については,次のようです:
$$w = f(z) = u(x,y) + iv(x,y), \quad z = x+iy, \quad \alpha = a+ib$$
とするとき,

$$\lim_{z \to \alpha} f(z) = \lim_{\substack{x \to a \\ y \to b}} \{u(x,y) + iv(x,y)\}$$

$$= \lim_{\substack{x \to a \\ y \to b}} u(x,y) + i \lim_{\substack{x \to a \\ y \to b}} v(x,y)$$

複素関数の極限値が，**実関数の極限値に帰着される**わけ．だから，実関数についての**極限値の性質が，そのままの形で複素関数についても成立する**ことになるね．たとえば，

●ポイント ──────────────────────────── **関数の極限値** ─

$\lim_{z \to \alpha} f(z) = A, \quad \lim_{z \to \alpha} g(z) = B$ のとき，

(1) $\lim_{z \to \alpha}(f(z) + g(z)) = A + B, \quad \lim_{z \to \alpha} cf(z) = cA$

(2) $\lim_{z \to \alpha} f(z)g(z) = AB$

(3) $\lim_{z \to \alpha} \dfrac{g(z)}{f(z)} = \dfrac{B}{A}$ 　　（ $A \neq 0$，点 α の近くで $f(z) \neq 0$ ）

圭子　実関数の極限値に帰着されると言っても，…．どれか，一つ証明してみて下さい．

先生　そうだね．$z = x + iy$ として，
$$f(z) = u_1(x,y) + iv_1(x,y), \quad g(z) = u_2(x,y) + iv_2(x,y)$$
とおこうか．$u_1(x,y), v_1(x,y), \cdots$ を，簡単のため，$u_1, v_1, \cdots$ と略記するよ．

$$\lim_{z \to \alpha}(f(z) + g(z)) = \lim_{\substack{x \to a \\ y \to b}} \{(u_1 + iv_1) + (u_2 + iv_2)\}$$

$$= \lim_{\substack{x \to a \\ y \to b}} \{(u_1 + u_2) + i(v_1 + v_2)\}$$

$$= \lim_{\substack{x \to a \\ y \to b}}(u_1 + u_2) + i \lim_{\substack{x \to a \\ y \to b}}(v_1 + v_2)$$

$$= \left(\lim_{\substack{x \to a \\ y \to b}} u_1 + \lim_{\substack{x \to a \\ y \to b}} u_2\right) + i\left(\lim_{\substack{x \to a \\ y \to b}} v_1 + \lim_{\substack{x \to a \\ y \to b}} v_2\right)$$

$$= \lim_{\substack{x \to a \\ y \to b}}(u_1 + iv_1) + \lim_{\substack{x \to a \\ y \to b}}(u_2 + iv_2)$$

$$= \lim_{z \to \alpha} f(z) + \lim_{z \to \alpha} g(z)$$

というわけ．決して，難しい計算じゃないけど，**何をやっているのか**，をハッキリ理解して欲しいんだ．それが，**数学の生命線**だからね．

貞人・圭子 はい．

●開集合と領域

先生 まず，点の"近傍"というものを考えよう．いま，複素平面上で，中心 α，半径 r の円の内部を，点 α の **r 近傍**とよび，

$$U(\alpha;r)$$

などとかきます．とくに，r を明記せずに，単に，$U(\alpha)$ とかいて，点 α の**近傍**ということもあります．

圭子 点 α の近傍は，点 α の**近所**ということですね．

先生 そうだね．話の状況によって，100m 以内を，わが家の"近所"ということもあるし，10km 以内でも，近所ということもあるだろう．$U(\alpha;r)$ の r は何であっても，近傍とよぶわけ．

さて，D を複素平面の部分集合としよう．

D の各点 α が，D に完全に含まれる近傍

$$U(\alpha) \subseteq D$$

をもっているとき，集合 D を**開集合**といいます．近傍の半径 r は，点 α ごとに変わってもいいし，どんなに小さくてもいいんだ．直感的には，開集合は，**境界を含まない集合**と考えてください．境界点（境界線上の点）の近傍は，つねに D の点と D に属さない点の両方を含むのでね．

では，具体例．次の A, B, C のうち，開集合はどれでしょう？

Lesson 7. **複素関数の微分法**

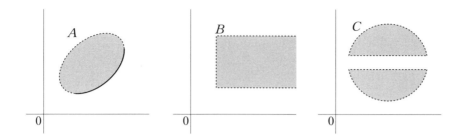

圭子 A は，境界の一部を含んでいるので開集合ではありません．

貞人 B は，無限の範囲，C は，二つの部分に分かれていますが，境界を含んでいませんね．だから，B も C も開集合です．

先生 そう．その通りで，A 以外の B, C は，開集合だね．

開集合は分かったので，いよいよ "領域" だ．

集合 D のどんな二点も，D 内の連続曲線で結べるとき，D は**弧状連結**であるといいます．

弧状連結な開集合を，**領域**というのです．

上の例の C は，二つに分かれているので，一方の点と他方の点とは，C 内の連続曲線で結べないので，領域とはよべないわけだ．

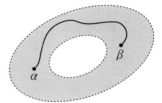

［例］次の式を満たす複素数 z の全体から成る集合を，複素平面上に図示し，それが，領域か否かを答えよ．

(1) $1 < |z - (2 + 2i)| < 2$

(2) $\mathrm{Re}\, z \cdot \mathrm{Im}\, z > 0$

先生 (1), (2) は，次のようになります．

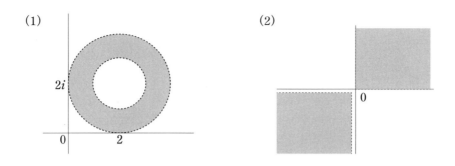

ドーナツ状の(1)は領域だが，(2)は，左下部分の点と右上部分の点とは連続曲線で結べないので，残念ながら，領域とはよべません．

●複素微分

先生 複素関数の微分法だよ．

■ポイント　　　　　　　　　　　　　　　　　　　　　　　微分係数

複素関数 $w = f(z)$ と，点 α に対して，極限値
$$\lim_{\Delta z \to 0} \frac{\Delta w}{\Delta z} = \lim_{z \to \alpha} \frac{f(z) - f(\alpha)}{z - \alpha}$$
が存在するとき，$w = f(z)$ は，点 α で**微分可能**であるといい，この極限値を，点 α における $f(z)$ の**微分係数**とよび，$f'(\alpha)$ などとかく．

先生 $\Delta z = z - \alpha$ とおけば，"$z \to \alpha \iff \Delta z \to 0$"だから，微分係数の定義は，次のようにも書けることも，実関数の場合と同様だな：
$$f'(\alpha) = \lim_{\Delta z \to 0} \frac{f(\alpha + \Delta z) - f(\alpha)}{\Delta z}$$

Lesson 7. 複素関数の微分法

> [例] 次の関数 $f(z)$ は，どんな点で微分可能か．
> (1) z^2 (2) $z\bar{z}$

解　α を任意の複素数とする．

(1) $$f'(\alpha) = \lim_{\Delta z \to 0} \frac{(\alpha + \Delta z)^2 - \alpha^2}{\Delta z} = \lim_{\Delta z \to 0}(2\alpha + \Delta z) = 2\alpha$$

ゆえに，$f(z) = z^2$ は，複素平面上のすべての点で微分可能である．

(2) いま，$\Delta z = \Delta x + i\Delta y$ とおけば，$\overline{\Delta z} = \Delta x - i\Delta y$.

$$f'(\alpha) = \lim_{\Delta z \to 0} \frac{(\alpha + \Delta z)\overline{(\alpha + \Delta z)} - \alpha\bar{\alpha}}{\Delta z}$$

$$= \lim_{\Delta z \to 0} \frac{(\alpha + \Delta z)(\bar{\alpha} + \overline{\Delta z}) - \alpha\bar{\alpha}}{\Delta z}$$

$$= \lim_{\Delta z \to 0} \left(\bar{\alpha} + \overline{\Delta z} + \alpha \frac{\overline{\Delta z}}{\Delta z} \right) \quad \cdots\cdots (*)$$

(i) $\alpha = 0$ のとき：

$$f'(\alpha) = \lim_{\Delta z \to 0} \overline{\Delta z} = 0$$

ゆえに，$f(z)$ は，点 0 で微分可能である．

(ii) $\alpha \neq 0$ のとき：

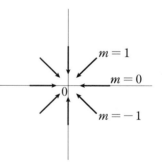

とくに，$\Delta y = m\Delta x$ を満たしながら，$\Delta z \to 0$ の場合は，$(*)$ の中で

$$\lim_{\Delta z \to 0} \frac{\overline{\Delta z}}{\Delta z} = \lim_{\Delta x \to 0} \frac{\Delta x - i\Delta y}{\Delta x + i\Delta y} = \frac{1 - im}{1 + im}$$

これは，m の値によって値が変わる．
$\Delta z \to 0$ となる方向により極限値が異なる．
ゆえに，$f(z) = z\bar{z}$ は，点 0 だけで微分可能である．

●微分可能 = 超滑らか

圭子　微分可能性などの定義．実関数と同じですね．

先生 そう．確かに，形式的には同じだが，**内容的には雲泥の差ありだ**．

実数の $\Delta x \to 0$

複素数の $\Delta z \to 0$

で，実数の場合は，数直線で左右二方向からの→なのに，複素数の場合は，複素平面上での**すべての近づき方**に対して極限値が存在するという**厳しい条件**なのだ．実関数では，直観的には，

微分可能＝滑らか

だったね．たとえば，関数

$$y = 0 \quad (x < 0)$$

を，点 0 で微分可能（滑らか）になるように，$x \geqq 0$ の場合まで延長しようと思えば，$y = x^2$ でも $y = x^3$ でも接続相手は，いくらでもあるよね．ところが，複素関数について，こういう問題を考えると，**接続相手は，ただ一つだけ**なのだ．なぜか？ 後日説明するけど，**一致の定理**だよ．

貞人 厳しい条件なので，合格者は一人？

先生 複素関数の場合，**あらゆる方向に滑らか**ということ．**超滑らかなんだ**．

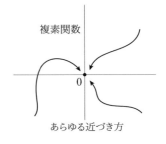

あらゆる近づき方

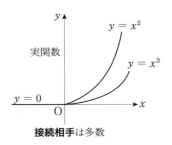

接続相手は多数

●正則性

先生 ここで，複素関数について，大切な概念を導入しよう．

―― ■ポイント ――――――――――――――――――― 正則性 ―

関数 $w = f(z)$ が，点 α のある近傍（この近傍はどんなに小さくてもよい）のすべての点で微分可能であるとき，$f(z)$ は点 α で**正則**であるという．また，領域 D のすべての点で微分可能であるとき，$f(z)$ は領域 D で**正則**であるという．

Lesson 7. **複素関数の微分法**

点 a で微分可能
ご近所さんのことは分かりません．

点 a で微分可能

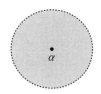

点 a で微分可能
ご近所，どちらさんでも微分可能です．

点 a で正則

先生 先ほどの $f(z)=z\bar{z}$ は，点 0 で微分可能であるが，他のどの点でも微分可能ではなかった．だから，点 0 で**正則ではない**ことになるね．

●複素関数の微分法

先生 実関数と同様に，次が成立します：

■**ポイント** ──────────────────────── 導関数の公式

(1) **和差積高の導関数**
$$(\alpha f(z)+\beta g(z))' = \alpha f'(z)+\beta g'(z)$$
$$(f(z)g(z))' = f'(z)g(z)+f(z)g'(z)$$
$$\left(\frac{f(z)}{g(z)}\right)' = \frac{f'(z)g(z)-f(z)g'(z)}{g(z)^2}$$

(2) **合成関数の導関数**
$$f(g(z))' = f'(g(z))g'(z)$$

具体例をやっておきましょう．

[**例**] 次の関数 $f(z)$ を微分せよ．
 (1) $(z^2+1)(z^3+1)$ 　　　　　　　(2) $(3z^2+4)^5$

解 (1) $f'(z) = 2z(z^3+1)+(z^2+1)\cdot 3z^2$
$\qquad\qquad = 5z^4+3z^2+2z$

(2) $f'(z) = 5(3z^2+4)^4 \cdot 6z = 30z(3z^2+4)^4$

圭子 実変数の場合と同じですね．で，複素関数では，
$$(e^z)' = e^z, \ (\sin z)' = \cos z, \ \cdots$$
も成立するのですか？

先生 次回，キチンとやります．ある程度の準備が必要なので．

貞人・圭子 楽しみにしています．本日は，ありがとうございました．

|||||||||| **演習問題** ||||||||||||||||||||||||||||||||||||||||||||||||||||||||||||||||||||||||||

7.1 次の関数 $f(z)$ を微分せよ．

(1) $\dfrac{1}{(z+i)^2}$

(2) $(z^2-z+i)^5$

7.2 次の関数 $f(z)$ は，どんな点で微分可能か．

(1) $\bar{z}$

(2) $\mathrm{Re}\, z$

Lesson 8 コーシー・リーマンの方程式

●●●●● 正則性の実用的判定法 ●●●

圭子 先生, こんにちは.
貞人 よろしく, お願いいたします.
先生 やあ, よく来たね. まあ, 掛けたまえ.

●微分可能性(新バージョン)

先生 えー, 微分可能性の別表現を考えたいのですが, まず, 実関数から. 実関数 $y = f(x)$ が, 点 a で微分可能だというのは, 極限値

$$A = \lim_{\Delta x \to 0} \frac{\Delta y}{\Delta x} = \lim_{\Delta x \to 0} \frac{f(a+\Delta x)-f(a)}{\Delta x} \quad \cdots\cdots (*)$$

が存在することだった. で, この極限値が, $f'(a)$ だったね.
そこで, いま,

$$r(\Delta x) = \Delta y - A\Delta x$$

とおいてみよう. $r(\Delta x)$ は Δx の関数です. このとき, $(*)$ の極限値が存在することは,

$$\lim_{\Delta x \to 0} \frac{r(\Delta x)}{\Delta x} = \lim_{\Delta x \to 0} \left(\frac{\Delta y}{\Delta x} - A \right) = 0$$

とかけるね. だから, 微分可能性を, 次のように定義することもできる:

■ポイント 微分可能性（新バージョン）

実関数 $y = f(x)$ が，点 a で**微分可能**であるというのは，
$$\Delta y = f(a+\Delta x) - f(a) = \underbrace{A\Delta x}_{\text{主要部}} + \underbrace{r(\Delta x)}_{\text{誤差項}}, \quad \underbrace{\lim_{\Delta x \to 0} \frac{|r(\Delta x)|}{|\Delta x|} = 0}_{\text{誤差条件}}$$
を満たす定数 A と，$\Delta x \neq 0$ で定義された関数 $r(\Delta x)$ が存在することである．

このとき，定数 A は一意的で，$A = f'(a)$ である．

先生 また，あらためて記さないけれども，複素関数 $w = f(z)$ の微分可能性も，同様の形式で定義できます．いいね．

圭子 誤差条件というのは，どういう意味ですか？

先生 $\Delta x \to 0$ のとき，$r(\Delta x)$ の方が Δx より**速く 0 に近づく**という意味で，これが，$r(\Delta x)$ を誤差項，$A\Delta x$ を主要部とよぶ理由なんだ．

● 偏微分係数・偏導関数

先生 上の結果は，実二変数関数の微分可能性に，次のように拡張されます．

実二変数関数 $z = f(x, y)$ が，点 (a, b) で**微分可能**であるというのは，
$$\Delta z = f(a+\Delta x, b+\Delta y) - f(a, b) = A\Delta x + B\Delta y + r(\Delta x, \Delta y) \quad \cdots\cdots \ (*)$$
$$\lim_{\Delta x, \Delta y \to 0} \frac{|r(\Delta x, \Delta y)|}{\sqrt{(\Delta x)^2 + (\Delta y)^2}} = 0 \quad (\text{誤差条件})$$
を満たす定数 A, B と，$\Delta x \neq 0, \Delta y \neq 0$ で定義された関数 $r(\Delta x, \Delta y)$ が存在することである．

貞人 定数 A, B は，どういうものですか？

先生 そうだね．いま，A の正体を探ってみよう．上の二つの式で，B を消し，A を残すため，$\Delta y = 0$ とおいてみようか：

Lesson 8. コーシー・リーマンの方程式

$$f(a+\Delta x, b) - f(a,b) = A\Delta x + r(\Delta x, 0)$$
$$\lim_{\Delta x \to 0} \frac{|r(\Delta x, 0)|}{|\Delta x|} = 0$$

この式を，よーく見て下さい．何か気がつかないかな．

貞人・圭子 ……

先生 何か，ある関数の微分可能性を示す式に見えない？

貞人 $f(x,b)$ のような気がしますが…．

先生 そう．そうだね．二変数関数 $f(x,y)$ の y に定数 b を代入すると，**x だけの関数** $f(x,b)$ になるね．まさに，それだよ．

この関数 $f(x,b)$ の点 a における微分係数

$$\lim_{\Delta x \to 0} \frac{f(a+\Delta x, b) - f(a,b)}{\Delta x}$$

のことを，二変数関数 $z = f(x,y)$ の点 (a,b) における **x に関する偏微分係数** とよび，

$$f_x(a,\ b)$$

などとかくのだ，

さらに，$z = f(x,y)$ の **x に関する偏導関数**は，

$$f_x(x,\ y) = \lim_{\Delta x \to 0} \frac{f(x+\Delta x, y) - f(x,y)}{\Delta x}$$

のように定義され，次のようにかかれることもあります：

$$\frac{\partial f}{\partial x},\ \frac{\partial z}{\partial x},\ z_x$$

まったく同様に，関数 $z = f(x,y)$ の点 (a,b) における **y に関する偏微分係数** $f_y(a,b)$，さらに，偏導関数 $f_y(x,\ y)$，$\frac{\partial f}{\partial y}$，$\frac{\partial z}{\partial y}$，$z_y$ も定義されます．いいね．

こうしてみると，上の（∗）の定数 A, B は，

$$A = f_x(a,\ b),\quad B = f_y(a,\ b)$$

ということになるね．

圭子 $f(x,y)$ を，x で微分したものが，$f_x(x,y)$ ですね．

先生 そうだね．次のように憶えて下さい：

x に関する偏導関数 $f_x(x, y)$ … y を定数と思って x で微分する
y に関する偏導関数 $f_y(x, y)$ … x を定数と思って y で微分する

> [例] $f(x, y) = x^3 y^4$ のとき,
> $$f_x(x, y) = 3x^2 y^4, \quad f_y(x, y) = 4x^3 y^3$$

先生 もう一つ. 二変数関数で"平均値の定理"は, 次のようになる：

●平均値の定理（実二変数関数）

$z = f(x, y)$ が, 点 (a, b) の近くで, **連続な偏導関数**をもてば,
$$\Delta z = f(a + \Delta x, b + \Delta y) - f(a, b)$$
$$= f_x(a + \theta \Delta x, b + \theta \Delta y)\Delta x + f_y(a + \theta \Delta x, b + \theta \Delta y)\Delta y$$
となる θ（ただし, $0 < \theta < 1$）が存在する.

● コーシー・リーマンの方程式

先生 実関数の場合も, そうだけれど, 複素関数 $w = f(z)$ の微分可能性・正則性を, その定義だけから判定するのは, 不可能に近いんだ.

そこで, 複素関数の正則性の実用的な判定法, さらに, 導関数の計算法を考えてみよう.

> ●ポイント ──────────────── 正則性の必要条件
>
> 関数 $w = f(z) = u(x, y) + iv(x, y)$ が, 領域 D で正則ならば,
> $$u_x = v_y \quad \text{かつ} \quad v_x = -u_y \qquad \cdots\cdots (*)$$
> が成立する. このとき, $f(z)$ の導関数は,
> $$f'(z) = u_x + iv_x = v_y - iu_y$$

Lesson 8. コーシー・リーマンの方程式

先生 この定理の(∗)を，**コーシー・リーマン**[1]**の偏微分方程式**，または，単に，**コーシー・リーマンの方程式**といいます．証明は，難しくありません．

証明 $w = f(z)$ は，領域 D で正則だから，D の任意の点 z について，

$$f'(z) = \lim_{\Delta z \to 0} \frac{f(z + \Delta z) - f(z)}{\Delta z}$$

が存在する．このとき，$\Delta z = \Delta x + i\Delta y \to 0$ は，**どのような近づき方でも**，この極限値が存在するというのだから，**とくに**，実軸に沿っての

$$\Delta y = 0, \quad \Delta z = \Delta x + i\Delta y = \Delta x \to 0$$

という近づき方を考えよう．$\Delta y = 0$ のとき，

$$f(z + \Delta z) = u(x + \Delta x, \ y + \Delta y) + iv(x + \Delta x, \ y + \Delta y)$$
$$= u(x + \Delta x, \ y) + iv(x + \Delta x, \ y)$$

となるから，

$$f'(z) = \lim_{\Delta z \to 0} \frac{f(z + \Delta z) - f(z)}{\Delta z}$$
$$= \lim_{\Delta x \to 0} \frac{\{u(x + \Delta x, \ y) + iv(x + \Delta x, \ y)\} - \{u(x, \ y) + iv(x, \ y)\}}{\Delta x}$$
$$= \lim_{\Delta x \to 0} \left(\frac{u(x + \Delta x, \ y) - u(x, \ y)}{\Delta x} + i \frac{v(x + \Delta x, \ y) - v(x, \ y)}{\Delta x} \right)$$
$$= u_x(x, \ y) + iv_x(x, \ y) \qquad \cdots\cdots \ ①$$

となるね．次に，虚軸に沿っての

$$\Delta x = 0, \quad \Delta z = \Delta x + i\Delta y = i\Delta y \to 0$$

という近づき方を考えると，同様な計算で，次が得られる：

$$f'(z) = \frac{1}{i}(u_y(x, \ y) + iv_y(x, \ y))$$
$$= v_y(x, \ y) - iu_y(x, \ y) \qquad \cdots\cdots \ ②$$

これらの ①，② は，同じ $f'(z)$ だから，

---

1) Cauchy (狐) - Riemann (狸)

$$u_x(x, y) + iv_x(x, y) = v_y(x, y) - iu_y(x, y)$$

両辺の実部・虚部どおしが等しいことから，

$$u_x = v_y \quad かつ \quad v_x = -u_y$$

が出てきて，証明完了というわけ．難しいところはなかったね．

ということで，必要条件はできたが，**問題は逆**だよ．

●ポイント ──────────────────── 正則性の十分条件

$$w = f(z) = u(x, y) + iv(x, y)$$

において，$u(x, y)$, $v(x, y)$ が，ともに，領域 D で**連続な偏導関数をもち**，コーシー・リーマンの方程式

$$u_x = v_y \quad かつ \quad v_x = -u_y$$

を満たすならば，関数 $w = f(z)$ は，領域 D で正則である．

貞人 偏導関数 $u_x, u_y, \cdots$ は連続，という**条件つきの逆**ですね．

圭子 先生．この中に，D が二ヶ所に出てきますが，同じ D でも，上の D は，xy 平面の領域で，下の D は，z 平面の領域ですね．

先生 そう．鋭いね．このような**便宜上の混同**は，よくあることだよ．

証明 $z = x + iy$ を，領域 D の任意の点としよう．

いま，点 (x, y) の近くで，$u(x, y)$ に**平均値の定理**を用いると，

$$\Delta u = u(x + \Delta x, y + \Delta y) - u(x, y) = u_x(\tilde{x}, \tilde{y})\Delta x + u_y(\tilde{x}, \tilde{y})\Delta y$$

ただし，$\tilde{x} = x + \theta\Delta x, \tilde{y} = y + \theta\Delta y. \ 0 < \theta < 1$

となる θ が存在する．

同様に，$v(x, y)$ については，

$$\Delta v = v_x(\tilde{x}', \tilde{y}')\Delta x + v_y(\tilde{x}', \tilde{y}')\Delta y$$

が得られる．$\tilde{x}' = x + \theta'\Delta x, \tilde{y}' = y + \theta'\Delta y$

ところが，"$\Delta z \to 0 \iff \Delta x \to 0$ かつ $\Delta y \to 0$" だから，

$$\lim_{\Delta z \to 0} \tilde{x} = \lim_{\Delta z \to 0} \tilde{x}' = x, \quad \lim_{\Delta z \to 0} \tilde{y} = \lim_{\Delta z \to 0} \tilde{y}' = y$$

いま，
$$p(\Delta x, \Delta y) = u_x(\tilde{x}, \tilde{y}) - u_x(x, y)$$
$$p'(\Delta x, \Delta y) = v_x(\tilde{x}', \tilde{y}') - v_x(x, y)$$
$$q(\Delta x, \Delta y) = u_y(\tilde{x}, \tilde{y}) - u_y(x, y)$$
$$q'(\Delta x, \Delta y) = v_y(\tilde{x}', \tilde{y}') - v_y(x, y)$$

とおけば，u_x, v_x, u_y, v_y が**連続**であることから，

$\Delta z \to 0$ のとき，

$$p(\Delta x, \Delta y) \to 0, \quad p'(\Delta x, \Delta y) \to 0, \quad q(\Delta x, \Delta y) \to 0, \quad q'(\Delta x, \Delta y) \to 0$$

次に，$\Delta w = \Delta u + i\Delta v$ を計算するのであるが，簡単のため，

$u_x(x, y), v_x(x, y), \cdots$ を，$u_x, v_x, \cdots$ と略記し，

$p(\Delta x, \Delta y), p'(\Delta x, \Delta y), \cdots$ を，$p, p', \cdots$ と略記する．

ここで，コーシー・リーマンの方程式 $u_x = v_y, v_x = -u_y$ を用いて，

$$\begin{aligned}\Delta w &= \Delta u + i\Delta v \\ &= \{(u_x+p)\Delta x + (u_y+q)\Delta y\} + i\{(v_x+p')\Delta x + (v_y+q')\Delta y\} \\ &= \{(u_x+p)\Delta x + (-v_x+q)\Delta y\} + i\{(v_x+p')\Delta x + (u_x+q')\Delta y\} \\ &= (u_x+iv_x)(\Delta x + i\Delta y) + R(\Delta x, \Delta y) \\ &= (u_x+iv_x)\Delta z + R(\Delta x, \Delta y)\end{aligned}$$

ただし，$R(\Delta x, \Delta y) = (p+ip')\Delta x + (q+iq')\Delta y$．

また，
$$|\Delta z| = \sqrt{(\Delta x)^2 + (\Delta y)^2} \geq |\Delta x|, |\Delta y|$$

だから，
$$\begin{aligned}|R(\Delta x, \Delta y)| &\leq |p+ip'||\Delta x| + |q+iq'||\Delta y| \\ &\leq (|p|+|p'|)|\Delta x| + (|q|+|q'|)|\Delta y| \\ &\leq (|p|+|p'|+|q|+|q'|)|\Delta z|\end{aligned}$$

したがって，
$$0 \leq \lim_{\Delta z \to 0} \frac{|R(\Delta x, \Delta y)|}{|\Delta z|} \leq \lim_{\Delta z \to 0}(|p|+|p'|+|q|+|q'|) = 0$$

以上から，

$$\Delta w = (u_x + iv_x)\Delta z + R(\Delta x, \Delta y), \quad \lim_{\Delta z \to 0} \frac{|R(\Delta x, \Delta y)|}{|\Delta z|} = 0$$

とかけるから, $w = f(z)$ は, 領域 D で正則である.

ということで, めでたく証明完了というわけ. ヤレヤレ.

こうして得られた"正則性の実用的判定法"を, まとめておこう:

圭子 $f'(z) = u_x + iv_x$ も得られましたね.

●ポイント ──────────────────────── **正則性の判定**

$$w = f(z) = u(x, y) + iv(x, y)$$

について, u_x, u_y, v_x, v_y が, 領域 D で連続ならば,

$$f(z): D \text{ で正則} \iff u_x = v_y \quad \text{かつ} \quad u_y = -v_x$$

先生 それでは, いつものように, 具体例をやってみよう.

[例] 次の関数 $w = f(z)$ は, 複素平面のどのような領域で正則か. 正則ならば, その領域で, 導関数 $f'(z)$ を求めよ.

(1) e^z (2) $\bar{z}^2$

解 (1) $f(z) = f(x + iy) = u(x, y) + iv(x, y)$ とする.

$$f(z) = e^z = e^{x+iy} = e^x(\cos y + i \sin y)$$

より,

$$u(x, y) = e^x \cos y, \quad v(x, y) = e^x \sin y$$

このとき, 偏導関数

$$u_x = e^x \cos y, \quad v_x = e^x \sin y$$

$$u_y = -e^x \sin y, \quad v_y = e^x \cos y$$

は, すべて, 全 xy 平面で連続で, $u_x = v_y, u_y = -v_x$ を満たすから, 関数 $f(z)$ は, **全複素平面で正則**である. このとき,

$$f'(z) = u_x + iv_x = e^x \cos y + ie^x \sin y = e^x(\cos y + i \sin y) = e^z$$

(2) $f(z) = \bar{z}^2 = (x-iy)^2 = (x^2-y^2) - 2xyi$

より，
$$u(x, y) = x^2 - y^2, \quad v(x, y) = -2xy$$

このとき，偏導関数
$$u_x = 2x, \quad v_x = -2y$$
$$u_y = -2y, \quad v_y = -2x$$

は，連続であるが，$(x, y) = (0, 0)$ 以外では，コーシー・リーマンの方程式を満たさない．したがって，$f(z)$ は，**全複素平面で正則ではない**．

圭子 複素解析でも，" $f(z) = e^z \Rightarrow f'(z) = e^z$ " ですね．

先生 三角関数も，正則になるんだ．じつは，z の多項式，有理式など，**z だけの数式でかける関数は正則**．$\bar{z}$, $\mathrm{Re}\,z$, $\mathrm{Im}\,z$ の入った関数は，正則ではないんだが，このことは，次回，キチンとやろう．

貞人・圭子 楽しみにしてます．本日は，ありがとうございました．

|||||||||| **演習問題** ||||||||||||||||||||||||||||||||||||||||||||||||||||||||||||||||||||||||||||||||||||||||||||||

8.1 次の関数 $f(z)$ は正則か．正則ならば $f'(z)$ を求めよ．

(1) $f(z) = f(x+iy) = (x^2 + xy) + i(2xy - y^2)$

(2) $f(z) = e^{iz}$

8.2 $f(z)$ は領域 D で正則とする．この領域 D で，
$$f'(z) = 0 \implies f(z) \text{ は定数関数}$$
であることを示せ．

Lesson 9　写像の等角性

●●●●● 正則関数は局所相似写像 ●●●

圭子　先生，こんにちは．
貞人　よろしく，お願いいたします．
先生　やあ，よく来たね．まあ，掛けたまえ．

● 複素微分

先生　それでは，始めましょう．複素微分といっても，定義は，
$$f'(z) = \lim_{\Delta z \to 0} \frac{f(z+\Delta z)-f(z)}{\Delta z}$$
のように，実関数の場合とまったく同一の形ですから，**実関数と同じ形の公式**が成立するハズですね．念のため，まとめておきましょうか：

●ポイント ──────────────────────── **導関数の公式**

(1) 和差積商の導関数

$$(\alpha f(z)+\beta g(z))' = \alpha f'(z)+\beta g'(z) \quad (\alpha,\beta：複素定数)$$

$$(f(z)g(z))' = f'(z)\,g(z)+f(z)g'(z)$$

$$\left(\frac{f(z)}{g(z)}\right)' = \frac{f'(z)g(z)-f(z)g'(z)}{g(z)^2}$$

(2) 合成関数の導関数

$$(f(g(z)))' = f'(g(z))g'(z)$$

(3) 逆関数の導関数

$$(f^{-1}(z))' = \frac{1}{f'(f^{-1}(z))}$$

先生 ただし，合成関数・逆関数の導関数は，次のようにもかけるよ：

$$\frac{dw}{dz} = \frac{dw}{dt}\frac{dt}{dz} \quad \text{ただし，} w = f(t),\ t = g(z)$$

$$\frac{dw}{dz} = \frac{1}{\dfrac{dz}{dw}} \quad \text{ただし，} w = f^{-1}(z),\ z = f(w)$$

圭子 実関数のときの証明が，複素微分についても，**そっくりそのまま通用する**のですね．

●導関数の計算

先生 具体的な関数の導関数を求めてみよう：

●ポイント　　　　　　　　　　　　　　　　　　　　　　**基本関数の導関数**

(1) $(z^n)' = nz^{n-1}$ 　($n = 0, 1, 2, \cdots$)

(2) $(e^z)' = e^z$

(3) $(\cos z)' = -\sin z,\ (\sin z)' = \cos z,\ (\tan z)' = \dfrac{1}{\cos^2 z}$

(4) $(\log z)' = \dfrac{1}{z},\ (\mathrm{Log}\, z)' = \dfrac{1}{z}$ 　($z \neq 0$)

(5) $(z^\alpha)' = \alpha z^{\alpha-1}$ 　(α：任意の複素定数)

貞人 これも，実関数のときと，同じですね．

先生 だから，**新しい記憶の負担がない**んだ．証明も，(2)，(3) 以外は実関数の場合と同様にできる．一応，コメントしておこうか．

(2) これは，前回やったね．憶えているかな？

(3) $\cos z = \dfrac{e^{iz} + e^{-iz}}{2}$ を用いる．

(4) $w = \log z \Longleftrightarrow z = e^w$．逆関数の導関数の公式を利用しよう．

(5) $z^\alpha = e^{\alpha \log z}$ を用いるのがよかろう．

貞人　いくつかを証明してみます．

(3) $(e^{iz})' = ie^{iz}$ ですから，

$$(\cos z)' = \left(\frac{e^{iz}+e^{-iz}}{2}\right)' = \frac{ie^{iz}-ie^{-iz}}{2} = -\frac{e^{iz}-e^{-iz}}{2i}$$
$$= -\sin z$$

(4) $w = \log z \iff z = e^w$ だから，

$$(\log z)' = \frac{dw}{dz} = \frac{1}{\frac{dz}{dw}} = \frac{1}{e^w} = \frac{1}{z}$$

●正則関数の特徴

先生　正則性の判定法として，コーシー・リーマンの方程式をやったね．じつは，正則関数は，式でかくと，**いちじるしい特徴**をもっているんだ．

たとえば，$w = z^2$ は，$z(=x+iy)$ の関数だね．でも，これを，

$$w = (x^2-y^2) + 2xy\,i \qquad \cdots\cdots\cdots Ⓐ$$

とかいたら，$(x+iy)^2$ すなわち z^2 であることに気づかないかもしれないが，z が与えられれば，その実部 x，虚部 y が決まって，Ⓐ の w の値が決まるので，けっきょく，w は z の関数といえるね．この意味では，たとえば，

$$w = x^2 + iy^2 \qquad \cdots\cdots\cdots Ⓑ$$

なんかも，z の関数といえるね．

貞人・圭子　そうですね．

先生　ところが，Ⓑの右辺を，z の多項式として表わすことは，できないんだ．じつは，z の有理式でも，さらに，**指数関数・対数関数・三角関数を使っても表わせない**ことが分かっているんだ．

圭子　？？ そういうことが，どうして分かるんですか？

先生　次に，その証明をやってみよう．

貞人　$x = \dfrac{z+\bar{z}}{2}, y = \dfrac{z-\bar{z}}{2i}$ ですから，$\bar{z}$ を使えば表わせますね．

先生　そうそう．だから，$\bar{z}$ **を用いることなく**，$\mathrm{Re}\,z, \mathrm{Im}\,z$ も用いないで，

z だけの数式では表わせないという意味だね．Ⓑの中には，x, y がバラバラに入っているのに対して，Ⓐの中には，見掛け上 x, y がバラバラに入っているけれども，じつは，$x+iy$ という形で入っているわけだ．これこそ，**本当の z の関数**といいたくなるね．

さあ，そこで，実二変数関数 $u(x, y)$, $v(x, y)$ が与えられたとき，
$$F(x, y) = u(x, y) + iv(x, y)$$
が，**どんなとき**，本当に，$z = x+iy$ だけの関数になるのか，そのことを調べよう．

さて，$z = x+iy$ より
$$iy = z - x \qquad \therefore\ y = i(x-z)$$
このように，y は，x と z の関数とみることができるので，上の $F(x, y)$ は，x と z の関数を考えられる．そこで，$F(x, y)$ を，
$$g(x, z) = F(x, y)$$
とおこう．$g(x, z)$ は，x と z の関数で，この x も z も，x, y の関数とみて，$g(x, z)$ の x に関する偏導関数を求めよう．

$$\frac{\partial g}{\partial x} = \frac{\partial F}{\partial x}\frac{\partial x}{\partial x} + \frac{\partial F}{\partial y}\frac{\partial y}{\partial x} \qquad \cdots\cdots(*)$$

$$= \frac{\partial F}{\partial x}\cdot 1 + \frac{\partial F}{\partial y}\cdot i \qquad \left(\because\ \frac{\partial x}{\partial x}=1,\ \frac{\partial y}{\partial x}=i\right)$$

$$= (u_x + iv_x) + (u_y + iv_y)i$$

$$= (u_x - v_y) + i(v_x + u_y)$$

いいですか．この式をよく見てね．

（ⅰ）u, v が，コーシー・リーマンの方程式を満たしていれば，
$$\frac{\partial g}{\partial x} = 0 + i\cdot 0 = 0$$

これは，$g(x, z)$ が，**x を含んでいない**こと，z だけの関数であることを示しているじゃないか．そうだね．

（ⅱ）u, v が，コーシー・リーマンの方程式を満たしていなければ，
$$\frac{\partial g}{\partial x} \neq 0$$

となって，$g(x,z)$ は，x を本当に含んでしまう．$F(x,y)$ は，z だけの関数では表わせない．

以上から，次のⅠ，Ⅱは同値であることが示されたわけだ：

Ⅰ．$u(x,y)+iv(x,y)$ の中に，x,y は，$x+iy$ の形においてのみ含まれる．

Ⅱ．$f(z)=f(x+iy)=u(x,y)+iv(x,y)$ は，正則．

また，次のように表現することもできるね：

$$f(z)：正則 \iff f(z) は z だけの関数（\bar{z} を含まない）$$

（圭子・貞人は感慨深げに，黒板を見つめている）

このように，z と $\bar{z}$ で，$w=f(z)=W(z,\bar{z})$ とかいたとき，

$$f(z)：正則 \iff \frac{\partial w}{\partial \bar{z}}=0$$

によって，$w=f(z)$ の正則性を判定する方法を，**$W(z,\bar{z})$ 判定法**といいます．

貞人 先ほどの⑧の，$w=x^2+iy^2$ では，

$$u(x,y)=x^2, \quad v(x,y)=y^2$$

で，

$$u_x=2x, \ u_y=0, \ v_x=0, \ v_y=2y$$

となり，コーシー・リーマンの方程式を満たさないので，正則ではない．だから，z だけの関数として表わせない．というわけですね．そうか．

圭子 先生．上の（＊）が分からないんですが……．

先生 そうだね．大学微積分が出てきたら，説明する約束だったね．"二変数関数の合成関数の導関数"っていうんだけど，公式を記しておこう．文字の意味は，上とはまったく無関係だが．

● 二変数関数の合成関数の導関数

$z=f(u,v)$ は，u,v の関数で，これら，

$$u=g(x,y), \quad v=h(x,y)$$

が，x,y の関数であるとき，$z=f(g(x,y),h(x,y))$ は，x,y の関数になるが，このとき，この関数の偏導関数は，

$$\frac{\partial z}{\partial x}=\frac{\partial f}{\partial u}\frac{\partial u}{\partial x}+\frac{\partial f}{\partial v}\frac{\partial v}{\partial x}, \quad \frac{\partial z}{\partial y}=\frac{\partial f}{\partial u}\frac{\partial u}{\partial y}+\frac{\partial f}{\partial v}\frac{\partial v}{\partial y}$$

●写像の等角性

先生 今度は，正則関数を**図形的な観点**から見ていこう．

まず，関数 $w=f(z)$ は，点 z_0 で正則だとしよう．

いま，点 z_0 を通る滑らかな二曲線 C_1, C_2 の $w=f(z)$ による像曲線をそれぞれ，K_1, K_2 としよう．

z_1, z_2 を，それぞれ，曲線 C_1, C_2 上の z_0 に**十分近い**点とし，それらの像を，$w_1=f(z_1)$, $w_2=f(z_2)$ とおこう．

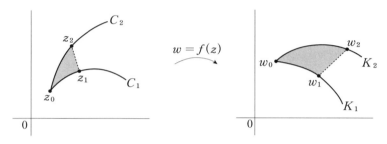

このとき，
$$\Delta z_1 = z_1 - z_0, \quad \Delta w_1 = w_1 - w_0$$
$$\Delta z_2 = z_2 - z_0, \quad \Delta w_2 = w_2 - w_0$$

とおけば，
$$\angle z_1 z_0 z_2 = \arg \frac{\Delta z_2}{\Delta z_1}, \quad \angle w_1 w_0 w_2 = \arg \frac{\Delta w_2}{\Delta w_1}$$

となる．いいね．

さて，$w=f(z)$ は，点 z_0 で正則だから，$\Delta z_1 \to 0$, $\Delta z_2 \to 0$ を考えると，

$$\lim_{\Delta z_1 \to 0} \frac{\Delta w_1}{\Delta z_1} = f'(z_0), \quad \lim_{\Delta z_2 \to 0} \frac{\Delta w_2}{\Delta z_2} = f'(z_0) \quad \cdots\cdots (*)$$

したがって，$f'(z_0) \neq 0$ ならば，$\Delta z_1 \to 0, \Delta z_2 \to 0$ のとき，

$$\frac{\Delta z_2}{\Delta z_1} : \frac{\Delta w_2}{\Delta w_1} = \frac{\Delta w_1}{\Delta z_1} : \frac{\Delta w_2}{\Delta z_2} \longrightarrow f'(z_0) : f'(z_0) = 1:1$$

いま，簡単のため，$\Delta z_1 \to 0$ かつ $\Delta z_2 \to 0$ を，$\Delta \to 0$ と略記すると，

$$\begin{cases} \lim_{\Delta \to 0} \dfrac{|\Delta z_2|}{|\Delta z_1|} = \lim_{\Delta \to 0} \dfrac{|\Delta w_2|}{|\Delta w_1|} \\ \lim_{\Delta \to 0} \arg \dfrac{\Delta z_2}{\Delta z_1} = \lim_{\Delta \to 0} \arg \dfrac{\Delta w_2}{\Delta w_1} \end{cases}$$

これは，$z_1 \to z_0$, $z_2 \to z_0$ という極限においては，

二つの三角形 $\triangle z_1 z_0 z_2$, $\triangle w_1 w_0 w_2$ は，**同じ向きに相似**

であることを示している．さらに，(*) から，その**相似比**が $f'(z_0)$ であることが分かるね．

また，$z_1, z_2 \to z_0$ において，直線 $z_0 z_1$ および $z_0 z_2$ は，それぞれ，曲線 C_1, C_2 の点 z_0 における接線だね．w 平面でも，同様だから，

点 z_0 における曲線 C_1, C_2 の交角
点 z_0 における曲線 K_1, K_2 の交角 } この両者は等しい

圭子 **曲線の交角**というのは，交点における接線の交角のことですね．

先生 そうです．このように，点 z_0 で交わる任意の滑らかな曲線の交角が，写像 $w = f(z)$ によって不変であるとき，この写像は，点 z_0 において**等角である**といい，$w = f(z)$ を**等角写像**というのだ．

以上の結果を定理として，まとめておこう：

●ポイント — **写像の等角性**

正則関数 $w = f(z)$ は，$f'(z_0) \neq 0$ なる点 z_0 で等角である．

先生 $f'(z_0) = 0$ のとき，$\arg f'(z_0)$ が決まらないから，以上の議論は成立しない．実際，次の[例]からも，**等角性が保証されない**ことがわかる．

[**例**] $w = z^2$ による

z 平面の水平・垂直線群 $\longleftrightarrow$ w 平面の放物線群

$$z\text{ 平面の双曲線群} \longleftrightarrow w\text{ 平面の水平・垂直線群}$$

という対応は，図のように，直交 ⟷ 直交になっている．

しかし，$f'(z) = 2z = 0$ となる点 $z = 0$ では，等角性は成立しない．

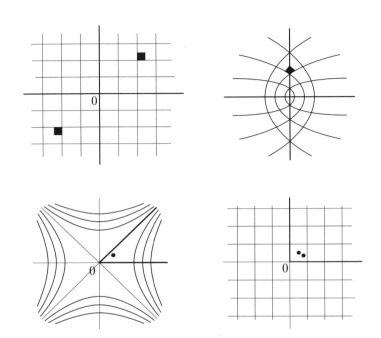

先生 **正則性の特徴づけ**を，次の三点から見て来たね：

$$\begin{cases} \text{解析的な視点} & \cdots \quad \text{コーシー・リーマンの方程式} \\ \text{式表示の視点} & \cdots \quad f(z)\text{ は，}z\text{ だけの数式} \\ \text{図形的な視点} & \cdots \quad \text{等角写像} \end{cases}$$

今日は，いろんなことをやったね．ところで，正則写像の等角性は，次のように考えると，自明に近いと思うんだが．

$w = f(z)$ は，点 z_0 で正則としよう．z が z_0 の十分近くの点ならば，近似的に，

$$\Delta w = w - w_0 = f(z) - f(z_0) = f'(z_0)\Delta z \ (\Delta z = z - z_0)$$

とかけるね．だから，Δw の絶対値と偏角は，

$$|\Delta w| \fallingdotseq |f'(z_0)| \, |\Delta z|$$

$$\arg \Delta w \fallingdotseq \arg f'(z_0) + \arg \Delta z$$

だな．だから，z_0 の近くの 2 点 z_1, z_2 については，

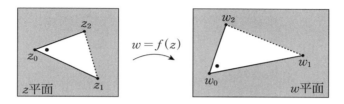

のように，$w = f(z)$ によって，$\triangle z_1 z_0 z_2$ は

$\arg f'(z_0)$ だけ回転し，$|f'(z_0)|$ 倍に拡大され，

$\triangle w_1 w_0 w_2$ に写される．

だから，$w = f(z)$ によって**図形の角度は変わっていない**．

圭子 たしかに，角度は，変わりませんね．

先生 さて，次回は，このセミナーも後半に入り，複素積分の登場だよ．また，元気で，楽しくやろう．

貞人・圭子 楽しみです．本日は，ありがとうございました．

演習問題

9.1 $(z^\alpha)' = \alpha z^{\alpha-1}$ (α：複素定数)を示せ．

9.2 $w = f(z) = z^3$ は，点 0 において等角ではないことを示せ．

Lesson 10　複素積分

●●●●●● 実積分の自然な拡張 ●●●

圭子　先生，こんにちは．
貞人　よろしく，お願いいたします．
先生　やあ，よく来たね．まあ，掛けたまえ．

● 複素平面上の曲線

先生　えー，今回から，複素積分に入りますが，その準備として"曲線"について，述べておきましょう．

実数の区間 $a \leq t \leq b$ で定義された複素数値連続関数
$$z = z(t) = x(t) + iy(t) \quad (a \leq t \leq b)$$
のグラフを，**曲線**といいます．

始点 $z(a)$ から，**終点** $z(b)$ へ向かう方向（t の値が増加する方向）を，この曲線の**方向**とよびます．

とくに，始点と終点とが一致するとき，**閉曲線**といい，それ以外に一致する点がないとき，**単一**であるといいます：

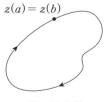
単一閉曲線

単一でない閉曲線

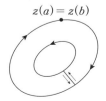
単一でない閉曲線

圭子 常識的な定義ですね．これなら，わたしにも分かります．

先生 さて，曲線
$$C: z = z(t) = x(t) + iy(t) \quad (a \leq t \leq b)$$
が，**滑らか**であるというのは，いたるところ接線が引けて，接線が連続的に変化すること，すなわち，$z(t)$ が微分可能で，さらに，導関数
$$z'(t) = x'(t) + iy'(t)$$
が連続であることを意味するものとします．

滑らかな曲線を有限個つないだ曲線を，**区分的に滑らか**だといいます．このセミナーで，今後，曲線と言ったら，区分的に滑らかな曲線としましょう．

● 複素積分

先生 複素積分の定義は，**形式的には**，実関数と同様です．

いま，複素平面上の曲線 C 上に，順に，分点
$$z_0, z_1, z_2, \cdots, z_n$$
をとります．z_0 が始点，z_n が終点です．

各小弧 $\widehat{z_{k-1}z_k}$ 上に，任意に，

　　　代表点 ζ_k

を採り，近似和

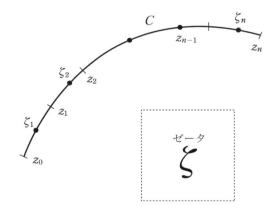

$$S_n = \sum_{k=1}^{n} f(\zeta_k) \Delta z_k \quad (\Delta z_k = z_k - z_{k-1})$$

を考えます．ここで，
$$\max\{|\Delta z_1|, |\Delta z_2|, \cdots, |\Delta z_n|\} \longrightarrow 0$$
となるように分割を限りなく細かくするとき，分割の仕方，代表点 ζ_k の採り方によらず，S_n が一定値に近づくとき，その極限値を，

Lesson 10. 複素積分

$$\int_C f(z)dz$$

とかき，関数 $f(z)$ の曲線 C に沿っての**複素積分**または単に**積分**という．いいね．そして，曲線 C を**積分路**というのだ．

貞人 本当に，実関数の積分とそっくりですね．

圭子 先生．上の複素積分ですが，曲線 C に沿って立てた塀，曲線 C に沿って張ったカーテンの面積を表わすのでしょうか？

貞人 高さが複素数 $f(z)$ の塀って？

先生 複素積分 $\int_C f(z)dz$ は，もはや，面積という意味は持ちません．

応用を考えない目下の段階では，$f(z)$ の**何らかの変化高の平均値**ということしかできないんだ．

さて，次に，複素積分のごく基本的な性質を述べようと思う．

そのために，曲線について，少し追加しておこう．

曲線 C_1, C_2 をつないだ曲線を，**結合曲線**とよび，C_1+C_2 とかく：

$C_1 : z = z_1(t) \quad (a \leq t \leq b)$
$C_2 : z = z_2(t) \quad (b \leq t \leq c)$

が，$z_1(b) = z_2(b)$ を満たすとき，

$C_1 + C_2 : z = z(t) = \begin{cases} z_1(t) & (a \leq t \leq b) \\ z_2(t) & (b \leq t \leq c) \end{cases}$

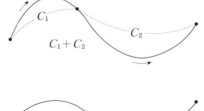

また，曲線

$C : z = z(t) \quad (a \leq t \leq b)$

の**逆向き曲線**を，$-C$ とかきます：

$-C : z = z(a+b-t) \quad (a \leq t \leq b)$

●ポイント ─────────────────── **複素積分の基本性質** ─

(1) **線形性**
$$\int_C (\alpha f(z) + \beta g(z))dz = \alpha \int_C f(z)dz + \beta \int_C g(z)dz$$

(2) **積分路についての加法性**
$$\int_{C_1+C_2} f(z)dz = \int_{C_1} f(z)dz + \int_{C_2} f(z)dz$$
$$\int_{-C} f(z)dz = -\int_C f(z)dz$$

(3) **積分値の評価**
曲線の長さを L とし,C 上でつねに,$|f(z)| \leq M$ を満たすならば,
$$\left| \int_C f(z)dz \right| \leq ML$$

先生 lim の性質から,ほぼ明らかだろう.(3) の証明を記そう:

$$\left| \int_C f(z)dz \right| = \left| \lim_{n\to\infty} \sum_{k=1}^n f(\zeta_k)\Delta z_k \right| \quad (\Delta z_k = z_k - z_{k-1})$$

$$\leq \lim_{n\to\infty} \sum_{k=1}^n |f(\zeta_k)||\Delta z_k| \leq M \lim_{n\to\infty} \sum_{k=1}^n |\Delta z_k| \leq ML$$

貞人 $\sum_{k=1}^n |\Delta z_k|$ は,$z_0, z_1, \cdots, z_n$ を結ぶ折れ線の長さだから,$\sum_{k=1}^n |\Delta z_k| \leq L$
ですね.

● 線積分

先生 複素積分の計算公式 (複素置換積分) の証明や,次回のグリーンの定理に必要な "線積分" について説明しましょう.

線積分は,物理の "仕事" をイメージにして導入するのも有力ですが,ここでは,純粋に数学の立場から定義しましょうか.

この線積分にも,いろいろな形がありますが,複素積分だって,じつは線積分なんだけど,ここでは,一番簡単な線積分を,ていねいに説明します.

Lesson 10. 複素積分

圭子・貞人 お願いします．

先生 えー，まず，実二変数関数 $f(x,y)$ と，座標平面上の曲線
$$C: x = x(t),\ y = y(t) \quad (a \leq t \leq b)$$
を考えます．

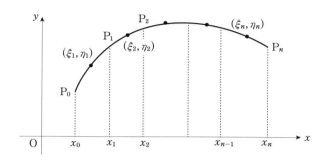

いま，曲線 C 上に，曲線の向きにしたがって，分点をとります：
$$P_0,\ P_1,\ P_2,\ \cdots,\ P_n$$
もちろん，P_0 は始点，P_n は終点です．各分点 P_k の座標を $P_k(x_k, y_k)$ とし，さらに，
$$x_k = x(t_k),\ y_k = y(t_k) \quad (k = 0, 1, 2, \cdots, n)$$
$$a = t_0 < t_1 < t_2 < \cdots < t_n = b$$
とおきます．いいね．

さて，各小弧 $\overparen{P_{k-1}P_k}$ 上に，任意に，
$$代表点 (\xi_k, \eta_k)$$
をとり，いつものように，近似和

クシー	イータ
ξ	η

$$S_n = \sum_{k=1}^{n} f(\xi_k, \eta_k) \Delta x_k \quad (\Delta x_k = x_k - x_{k-1})$$

を作ります．このとき，各 $\Delta x_k \to 0$ となるように分割を限りなく細かくするとき，分割の仕方，代表点の採り方によらず，S_n が一定値に近づくならば，その一定値を，$f(x,y)$ の曲線 C に沿っての **x に関する線積分** とよんで，
$$\int_C f(x,y) dx$$

とかきます.

貞人 そう言われても, ピンときませんが….

先生 たとえば, 曲線 C が, 右図のような場合, 線積分 $\int_C f(x,y)dx$ は,

$$\int_a^b f(x, p(x))dx + \int_b^c f(x, q(x))dx$$

を表わします.

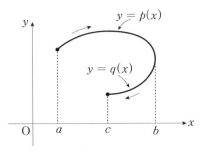

どうかな. それでは, 次に, 線積分の計算公式をやってみよう:

●ポイント ───────────── 線積分の計算公式

のとき,
$$C: x = x(t), \; y = y(t) \quad (a \leq t \leq b)$$

$$\int_C f(x,y)dx = \int_a^b f(x(t), y(t))\, x'(t)dt$$

先生 上の話の続きだけど, 各番号 k について,

関数 $x(t)$ に, 区間 (t_{k-1}, t_k) で**平均値の定理**を適用

してみると,

$$\frac{x_k - x_{k-1}}{t_k - t_{k-1}} = \frac{x(t_k) - x(t_{k-1})}{t_k - t_{k-1}} = x'(c_k)$$

$$\therefore \; \Delta x_k = x_k - x_{k-1} = x'(c_k)(t_k - t_{k-1}) = x'(c_k)\Delta t_k$$

となる c_k $(t_{k-1} < c_k < t_k)$ が存在する. $\Delta t_k = t_k - t_{k-1}$ だね.

ところで, ξ_k, η_k は任意だから, とくに, この c_k を使って,

$$\xi_k = x(c_k), \quad \eta_k = y(c_k)$$

を採用してみよう. このとき,

$$S_n = \sum_{k=1}^n f(\xi_k, \eta_k)\Delta x_k = \sum_{k=1}^n f(x(c_k), y(c_k))x'(c_k)\Delta t_k$$

$n \to \infty$ のときのこの近似和の極限値は？ まさに,

$$\int_a^b f(x(t), y(t))\, x'(t)dt$$

ではないか！ 定積分の定義！

貞人 なるほど，流れるような証明ですね．

先生 同様に，**y に関する線積分**

$$\int_C g(x,y)dy$$

も定義されて，上のような計算公式も成立する．さらに，

$$\int_C f(x,y)dx + \int_C g(x,y)dy$$

を，次のようにかくのが普通なんだ：

$$\int_C f(x,y)dx + g(x,y)dy$$

● 複素積分の計算公式

先生 複素積分を，定義から直接計算することは，不可能に近い．そこで，次の公式によるのである：

●ポイント ─────────────── **複素積分の計算公式**

関数 $f(z)$ が，曲線 $C: z = z(t)\ (a \leq t \leq b)$ 上で連続ならば，

$$\int_C f(z)dz = \int_a^b f(z(t))z'(t)dt$$

圭子 置換積分のようですね．

貞人 そうだね．先生，曲線 C の表わし方 $z(t)$ は，いろいろあるハズですが，いつも，積分値は，同じ値になるのですか？

先生 よくある質問だね．いいですか．複素積分の定義

$$\int_C f(z)dz = \lim_{n \to \infty} \sum_{k=1}^n f(\zeta_k)\, \Delta z_k$$

を，よーく見たまえ．これは，**曲線 C の式表示に依らない形で定義されてい**るだろ．当然，複素積分の値は，曲線 C の式表示に依らないことは，**自明な**

のだ．この理解は，数学のポイントの一つといえば，一つかな．

圭子 そういえば，ふつうの実関数の置換積分でも，置換の仕方によって答えが違うとは，だれも思いませんね．さらに，数学全般について，別解でも最終結果は，当然同じですよね．

先生 なるほど．さて，この公式の証明だけど．複素積分を，実部と虚部に分解してみたらどうだろう：
$$f(z) = u(x,y) + iv(x,y), \quad dz = dx + idy$$
とおけば，
$$\int_C f(z)dz = \int_C (u+iv)(dx+idy)$$
$$= \left(\int_C udx - \int_C vdy\right) + i\left(\int_C vdx + \int_C udy\right)$$

ここで，簡単のため，$u(x,y)$，$v(x,y)$ を，それぞれ，u, v と略記しました．よく見て下さい．ここに現われる4個の積分は，線積分だね．となると先ほどの**線積分の計算公式が使えて**，上の計算をたどって，
$$\int_C f(z)dz = \left(\int_a^b ux'(t)dt - \int_a^b vy'(t)dt\right) + i\left(\int_a^b uy'(t)dt + \int_a^b vx'(t)dt\right)$$
$$= \int_a^b (u+iv)(x'(t)+iy'(t))dt$$
$$= \int_a^b f(z(t))z'(t)dt$$
のように気持ちよく証明完了ということになるわけ．

この式変形で，簡単のため，$u(x(t),y(t))$，$v(x(t),y(t))$ を，それぞれ，u, v と略記した．念のため．

貞人・圭子（感慨深そうに，黒板を見ている）

先生 それでは，具体例をやってみよう．

[**例**] 次の複素積分 I を計算せよ．

(1) $\displaystyle\int_C (z-\alpha)^n dz \quad C: z(t) = \alpha + re^{it} \quad (0 \leq t \leq 2\pi)$

(2) $\displaystyle\int_C \bar{z}\,dz \qquad C: z(t) = t^2 + it \quad (0 \leq t \leq 1)$

解 (1), (2)の積分路を，描いてみると，

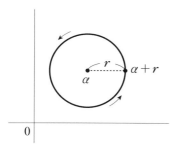

$\alpha + r$ を始点とし，中心 α，
半径 r の反時計回りの円．

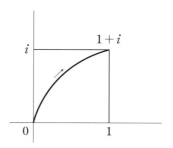

始点 0，終点 $1+i$ の図
のような放物線の一部

(1) $z'(t) = ire^{it}$ $(0 \leqq t \leqq 2\pi)$

$$I = \int_C (z-\alpha)^n dz = \int_0^{2\pi} (re^{it})^n \cdot re^{it} dt = ir^{n+1} \int_0^{2\pi} e^{i(n+1)t} dt$$

(ⅰ) $n = -1$: $I = i \int_0^{2\pi} dt = 2\pi i$

(ⅱ) $n \neq -1$: $I = ir^{n+1} \left[\dfrac{1}{i(n+1)} e^{i(n+1)t} \right]_0^{2\pi} = 0$

$e^{i(n+1)t} = \cos(n+1)t + i\sin(n+1)t$ だから，

$$\int_C (z-\alpha)^n dz = \begin{cases} 2\pi i & (n = -1) \\ 0 & (n \neq -1) \end{cases}$$

(2) $z'(t) = 2t + i$ $(0 \leqq t \leqq 1)$

$$I = \int_0^1 \overline{(t^2+it)} \cdot (2t+i) dt = \int_0^1 (t^2 - it)(2t+i) dt$$
$$= \int_0^1 (2t^3 - it^2 + t) dt = 1 - \dfrac{i}{3}$$

先生 解答はできたが，(1)は**必須公式**．ぜひ憶えておいて欲しいな．公式として，キチンとかいておこう．

●ポイント ──────────────────── $(z-\alpha)^n$ の積分値 ──

$$\int_C (z-\alpha)^n dz = \begin{cases} 2\pi i & (n=-1) \\ 0 & (n \neq -1) \end{cases}$$

C：中心 α，半径 r の反時計回りの円

先生 次回は "**コーシーの積分定理**" という大定理だよ．

貞人・圭子 楽しみです．本日は，ありがとうございました．

|||||||||| 演習問題 ||||||||||||||||||||||||||||||||||||||||||||||||||||||||||||||||||||||||

10.1 曲線
　$C : x = 5 - t^2,\ y = 2 - t \quad (-2 \leq t \leq 1)$
に沿っての線積分
$$\int_C (x+y)dx + (x-y)dy$$
を計算せよ．

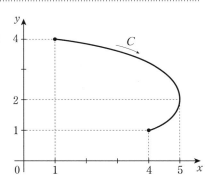

10.2 右のような曲線
　$C_1 : z = t + it \quad (0 \leq t \leq 1)$
　$C_2 : z = t + it^2 \quad (0 \leq t \leq 1)$
に沿っての次の関数 $f(z)$ の複素積分を計算せよ．
　(1) $f(z) = \mathrm{Re}\, z$
　(2) $f(z) = z^2$

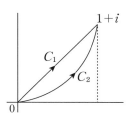

Lesson 11　コーシーの積分定理

●●●●● 複素解析を支える大定理 ●●●

圭子　先生，こんにちは．
貞人　よろしく，お願いいたします．
先生　やあ，よく来たね．まあ，掛けたまえ．

● 二重積分

　先生　えー，今回は，いよいよ，**複素解析を支える大定理** "コーシーの積分定理" です．証明は，ここでは "グリーンの定理" を用いる証明にします．
　グリーンの定理には，線積分と二重積分が現われます．線積分は，前回やったね．で，今回は，二重積分から始めましょうか．
　貞人・圭子　はい．よろしく，お願いいたします．
　先生　ここでは，"体積" をイメージして，二重積分を定義しましょう．
　いま，$f(x,y) \geq 0$ を，座標平面の有限範囲の領域 D で定義されている実二変数関数とします．領域 D を小領域 $D_1, D_2, \cdots, D_n$ に分割し，各領域 D_k から，

$$\text{代表点　} \mathrm{P}(x_k, y_k)$$

をとり，近似和を作ります：

$$S_n = \sum_{k=1}^{n} f(x_k, y_k) \times (D_k \text{の面積})$$

　このとき，各 D_k が，しだいに 1 点に収縮するように，$n \to \infty$ としたとき，D の分割の仕方や代表点の採り方によらずに，近似和 S_n が一定値に収束するとき，この極限値を，関数 $f(x,y)$ の領域 D における**二重積分**とよび，

$$\iint_D f(x,y)dxdy$$

とかきます．また，$f(x,y)$ を**被積分関数**，D を**積分領域**といいます．

貞人 形式は，一変数の積分と同じですね．

先生 ここでは，二重積分の**計算方法**だけを述べることにします．

右の図のように，曲線 $y=p(x)$, $y=q(x)$ と縦線 $x=a$, $x=b$ で囲まれた領域 D を**縦線領域**とよび，**計算公式**

$$\iint_D f(x,y)dxdy = \int_a^b \left(\int_{p(x)}^{q(x)} f(x,y)dy\right)dx$$

が成立します．この右辺の積分を**累次積分**ということがあります．**横線領域**も同様に定理され，上と同様な公式が成立します．

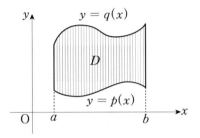

●グリーンの定理

先生 グリーンの定理は，線積分と二重積分との関係を示すものです．では，やってみましょう．

●ポイント **グリーンの定理**

実二変数関数 $u(x,y)$, $v(x,y)$ が，xy 平面上の区分的に滑らかな閉曲線 C とその内部 D で連続な偏導関数をもつならば，

$$\int_C u(x,y)dx + \int_C v(x,y)dy = \iint_D \left(\frac{\partial v}{\partial x} - \frac{\partial u}{\partial y}\right)dxdy$$

ただし，曲線 C は，領域 D を進行方向左側に見る"方向"をもつ．

先生 領域 D が複雑な形の場合は，適当な切断線（たとえば座標軸に平行な直線）によって，各部分が，**縦線かつ横線領域**になるように分割してしまうのだ．

切断線上で，線積分は打ち消し合い，二重積分は，

積分領域について加法性をもつ．

だから，たとえば，右のような形の領域 D について証明すればよいわけだ．いいね．

圭子 困難は分割せよ，ですか．

先生 さて，このとき，

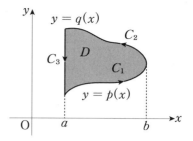

$$\int_C u(x,y)dx = \int_{C_1} u(x,y)dx + \int_{C_2} u(x,y)dx + \int_{C_3} u(x,y)dx$$

$$= \int_a^b u(x,p(x))dx + \int_b^a u(x,q(x))dx + 0$$

$$= \int_a^b u(x,p(x))dx - \int_a^b u(x,q(x))dx$$

$$= -\int_a^b \bigl[u(x,y)\bigr]_{y=p(x)}^{y=q(x)} dx$$

$$= -\int_a^b \left(\int_{p(x)}^{q(x)} \frac{\partial}{\partial y} u(x,y) dy\right) dx$$

$$= -\iint_D \frac{\partial u}{\partial y} dxdy \qquad \cdots\cdots\cdots (*)$$

したがって，

$$\int_C u(x,y)dx = -\iint_D \frac{\partial u}{\partial y} dxdy \qquad \cdots\cdots \text{Ⓐ}$$

が得られ，まったく同様に，次が得られる．

$$\int_C v(x,y)dy = \iint_D \frac{\partial v}{\partial x} dxdy \qquad \cdots\cdots \text{Ⓑ}$$

そこで，Ⓐ＋Ⓑを作れば，気持ちよく証明すべき等式が出てくるというわけだ．

（＊）から，式変形を**逆に辿ってみる**のもおすすめだし，何より"同様に"等式を，キチンとノートに書いて導いて欲しいな．

圭子・貞人 はい．やってみます．

●コーシーの積分定理

先生 コーシーの積分定理は，複素解析の大定理です．この定理から，コーシーの積分公式・正則関数の無限回微分可能性やベキ級数展開可能性など大切な性質が，次々と証明されるのです．

●ポイント ──────────────── **コーシーの積分定理**

関数 $f(z)$ が，区分的に滑らかな単一閉曲線 C と，その内部 D で正則で，導関数 $f'(z)$ が連続ならば，
$$\int_C f(z)dz = 0$$

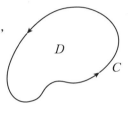

先生 グリーンの定理を用いれば，次のようにスッキリ証明されます：
$$f(z) = u(x,y) + iv(x,y), \quad dz = dx + idy$$
とおこう．このとき，
$$\int_C f(z)dz = -\iint_C (u+iv)(dx+idy)$$
$$= \int_C (udx - vdy) + i\int_C (vdx + udy)$$

ここで，u は $u(x,y)$ の略，v は $v(x,y)$ の略だ．

この右辺の二つの線積分は，グリーンの定理により，次のようにかける：

$$\int_C (udx - vdy) = -\iint_D \left(\frac{\partial v}{\partial x} + \frac{\partial u}{\partial y}\right)dxdy \quad \cdots\cdots \text{Ⓐ}$$

$$\int_C (vdx + udy) = \iint_D \left(\frac{\partial u}{\partial x} - \frac{\partial v}{\partial y}\right)dxdy \quad \cdots\cdots \text{Ⓑ}$$

ところで，$f(z)$ は正則という仮定から，そうそう，コーシー・リーマンの方程式ね．だから，

$$\frac{\partial v}{\partial x} + \frac{\partial u}{\partial y} = 0, \quad \frac{\partial u}{\partial x} - \frac{\partial v}{\partial y} = 0$$

どうでしょう，上の等式 Ⓐ, Ⓑ の右辺は，ともに 0 になり，証明完了！

貞人 大定理のわりには，証明は，アッケナイほど簡単ですね．

先生 なるほど．かの**一松信**先生は，**コーシーの積分定理は，グリーンの定理の複素数版である**ことを強調するべきだ，と書いておられる（「コーシー・近代解析学への道」現代数学社）．

なお，上の証明にグリーンの定理を用いるために，u, v の連続微分可能性（$f'(z)$ の連続性）を仮定したけれど，この仮定を用いない証明も得られているので，コーシーの積分定理から，この仮定を外すのが普通なんだ．

さて，次の定理に移るために，新しい定義をしておこう．

領域 D 内の単一閉曲線で囲まれる部分が，つねに D 内にあるとき，すなわち，**穴のあいていない領域**を，**単連結**であるといいます．

●ポイント ──────────────── **積分路の変形**

$f(z)$ を単連結領域 D で正則とし，C_1, C_2 を，始点 α，終点 β を共有する D 内の二本の単一曲線とするとき，
$$\int_{C_1} f(z)dz = \int_{C_2} f(z)dz$$

先生 すなわち，積分値は，α, β を結ぶ**積分路に関係しない**ということだ．この定理は，次のように証明されます．

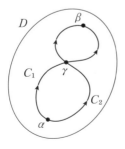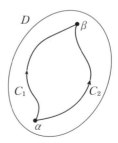

曲線 C_1, C_2 が，いくつかの点で交わっていれば，それらの各交点で分割して考えれば，けっきょく，上右図のように，α, β 以外では交わらない場合につ

いて考えれば十分だね.[1]

そこで，C_1 と $-C_2$ を点 β でつないだ単一曲線 $C_1+(-C_2)$ に，コーシーの積分定理を用いれば，

$$\int_{C_1+(-C_2)} f(z)\,dz = 0 \qquad \therefore \int_{C_1} f(z)\,dz = \int_{C_2} f(z)\,dz$$

次は，コーシーの積分定理の単連結でない領域への拡張です．

●ポイント ─────────────── **コーシーの積分定理の拡張**

関数 $f(z)$ が，図のような互いに交わらない単一閉曲線 $C, C_1, \cdots, C_n$ および，これらで囲まれた領域 D のすべての点で正則ならば，

$$\int_C f(z)dz = \int_{C_1} f(z)dz + \cdots + \int_{C_n} f(z)dz$$

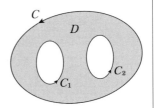

先生 とくに，$n=1$ の場合は，頻繁に用いられます．

さて，証明は，理屈は同じなので，簡単のため，$n=2$ の場合についてやってみます．上の図から得られる次のような**二本の**単一閉曲線 K_1, K_2 を考えるのがミソ：

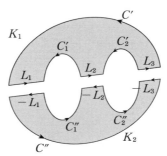

$$K_1 = C' + L_1 + (-C_1') + L_2 + (-C_2') + L_3$$
$$K_2 = C'' + (-L_3) + (-C_2'') + (-L_2) + (-C_1'') + (-L_1)$$

---

1) ここがポイント．

ここで，二曲線 K_1, K_2 の**それぞれに**，コーシーの積分定理を用いると，

$$\int_{K_1} = \int_{C'} + \int_{L_1} - \int_{C'_1} + \int_{L_2} - \int_{C'_2} + \int_{L_3} = 0 \quad {}^{2)}$$

$$\int_{K_2} = \int_{C''} - \int_{L_3} - \int_{C''_2} - \int_{L_2} - \int_{C''_2} - \int_{L_1} = 0$$

これらの等式を辺ごとに加えてみよう．多くの項がパタパタと消えて，

$$\int_{C'+C''} = \int_{C'_1+C''_1} + \int_{C'_2+C''_2}$$

これをよく見ると，証明すべき等式じゃないか：

$$\int_C = \int_{C_1} + \int_{C_2}$$

貞人 先生．ちょっと質問ですが，右のような橋を作って，一本の閉曲線を作った方が簡単だと思いますが…．

先生 そうかな．圭子さん，どう思う？

圭子 新設の橋の部分は，往復部分が，本当は重なっているので，**単一閉曲線にはなりません**ね．

先生 そうなんだ．うっかりしやすいところだね．

次は，**重要頻出公式**．ぜひ，記憶して欲しいな．

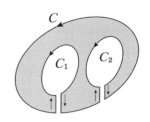

●ポイント ──────────────────── 基本周回積分

C を点 α を通らない単一閉曲線とするとき，

$$\int_C \frac{1}{z-\alpha} dz = \begin{cases} 2\pi i & (\alpha : C\ \text{内の点}) \\ 0 & (\alpha : C\ \text{外の点}) \end{cases}$$

先生 証明だけど，貞人君どうかな．

貞人 はい．まず，α が C 外の点の場合ですが，$\dfrac{1}{z-\alpha}$ は，C と C の内部

---

2) $\displaystyle\int f(z)dz$ を $\displaystyle\int$ と略記した．

で正則ですから，コーシーの積分定理から，積分の値は，0です．

また，α が C 内の場合は，図のような中心 α の円を考えますと，先ほどのコーシーの積分定理の拡張の $n=1$ の場合で，

$$\int_C \frac{1}{z-\alpha}dz = \int_{C_1} \frac{1}{z-\alpha}dz$$

右辺の積分は，たしか前回やりましたね．

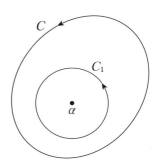

●不定積分

先生 $f(z)$ を単連結領域 D で正則としよう．D 内で定点 α から点 z へ至る単一閉曲線に沿っての複素積分は，終点 z だけで決まってしまうのだったね．だから，z の関数とみて，

$$F(z) = \int_\alpha^z f(\zeta)d\zeta$$

とおいて，$f(z)$ の**不定積分**とよびます．終点 z がフラフラ動くのでね．

次に，これが，$f(z)$ の原始関数になっていることを示します：

●ポイント ──────────────── **不定積分** ──

$f(z)$ が単連結領域 D で正則ならば，その不定積分 $F(z)$ は，D で正則であって，
$$F'(z) = f(z)$$

先生 高校数学などでは，一部に，不定積分と原始関数を同義語と教えることもあるようだが，**本来は別概念**なんだ．

圭子 わたしは "不定積分＝原始関数" って習いました．

先生 そうですか．では，さっそく，上の定理を証明しよう．

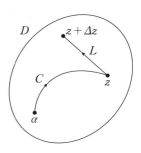

右図のような状況で考えます．

z は使ってあるので，ζ（ゼータ）を変数に用いました．

$$F(z+\Delta z) = \int_{C+L} f(\zeta)d\zeta \qquad F(z) = \int_C f(\zeta)d\zeta$$

ですから，

$$F(z+\Delta z) - F(z) = \int_L f(\zeta)d\zeta$$

この積分路として，点 z から点 $z+\Delta z$ へ至る線分

$$L : \zeta = z + t\Delta z \quad (0 \leq t \leq 1)$$

を採用しましょう．このとき，

$$\frac{F(z+\Delta z) - F(z)}{\Delta z} = \frac{1}{\Delta z}\int_L f(\zeta)d\zeta$$

$$= \frac{1}{\Delta z}\int_0^1 f(z+t\Delta z)\Delta z\, dt \quad (\frac{d\zeta}{dt} = \Delta z)$$

$$= \int_0^1 f(z+t\Delta z)dt$$

ところで，$f(z)$ は D で正則だから，もちろん連続．

L 上での $|f(\zeta) - f(z)|$ の最大値を $\varepsilon > 0$

とすれば，

$$\Delta z \to 0 \text{ のとき，} \varepsilon \to 0$$

$$\left|\int_L (f(\zeta) - f(z))d\zeta\right| \leq \int_L |f(\zeta) - f(z)| \cdot L \text{ の長さ} \leq \varepsilon|\Delta z|$$

$$\therefore \left|\frac{F(z+\Delta z) - F(z)}{\Delta z} - f(z)\right| \leq \varepsilon \quad (\Delta z \to 0)$$

ゆえに，

$$F'(z) = \lim_{\Delta z \to 0} \frac{F(z+\Delta z) - F(z)}{\Delta z} = f(z)$$

が得られた．

それにしても，今日は，いろんなことをやったね．

次は，"コーシーの積分公式" の番だが，その前に，**コーシーの積分定理の応用** "実積分を複素積分で" をやっておきたいんだ．"積分公式" は，それ

以降ということになるね．

貞人・圭子 はい！ 先生，本日は，ありがとうございました．

演習問題

11.1 次の二重積分を計算せよ．

$$\iint_D (x+4y)dxdy$$

$D: 1 \leq x \leq 2, \quad 2-x \leq y \leq x$

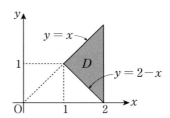

11.2 次の各曲線 C に沿った複素積分

$$\int_C \frac{1}{z^2+1} dz$$

を計算せよ．ただし，曲線の方向は，反時計回りとする．

(1) 中心 i，半径 1 の円

(2) 中心 0，半径 2 の円

Lesson 12 実積分への応用・Part I

●●●●● 実積分を複素積分で ●●●

圭子 先生，こんにちは．
貞人 よろしく，お願いいたします．
先生 やあ，よく来たね．まあ，掛けたまえ．

●具体例で実感

先生 今回のテーマは，**複素積分の実積分への応用・Part I** ですが，その前に，コーシーの積分定理・基本周回積分の練習を兼ねて，複素積分の具体例を少しやろう．具体例によって**抽象理論を実感**して欲しいんだ．

［**例**］次の各曲線 C に沿った複素積分
$$\int_C \frac{z}{z^2+1} dz$$
を求めよ．ただし，各曲線の方向は，反時計回りとする．
 (1) $C : |z-1| = 1$
 (2) $C : |z-i| = 1$
 (3) $C : |z| = 2$

圭子 積分路 C は，どれも，円ですね．
貞人 被積分関数 $\dfrac{z}{z^2+1}$ は，2点 $i, -i$ 以外の全複素平面で正則ですね．
(1)この2点は，円 C 外にある．

すなわち，円 C とその内部で，被積分関数は正則ですから，コーシーの積分定理によって，

$$\int_C \frac{z}{z^2+1} dz = 0$$

です．

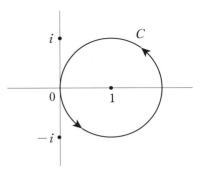

圭子 何も計算しないで答えが出る——魔法のような定理ですね．

先生 次は，被積分関数を，部分分数に分解してみて下さい．

貞人 (2) $\dfrac{z}{z^2+1} = \dfrac{1}{2}\left(\dfrac{1}{z-i} + \dfrac{1}{z+i}\right)$

となります．ですから，

$$\int_C \frac{z}{z^2+1} dz = \frac{1}{2}\left(\int_C \frac{1}{z-i} dz + \int_C \frac{1}{z+i} dz\right)$$

ところが，

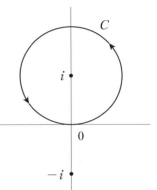

$$\int_C \frac{1}{z-i} dz = 2\pi i \quad (\text{基本周回積分})$$

$$\int_C \frac{1}{z+i} dz = 0 \quad (\text{コーシーの積分定理})$$

ですから，

$$\int_C \frac{z}{z^2+1} dz = \frac{1}{2}(2\pi i + 0) = \pi i$$

先生 (3) は，ぼくがやってみようか．この場合は，正則にならない点 $i, -i$ が，両方とも，円 C 内にあるので，図のような二つの円 C_1, C_2 を考えるのだ：

圭子 ずいぶん大きな円ですね．

Lesson 12. 実積分への応用・Part I

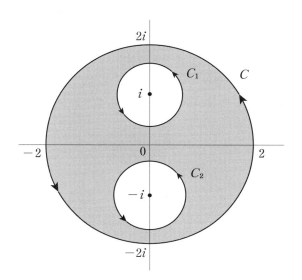

C_1：中心 i 半径 1 未満

C_2：中心 $-i$ 半径 1 未満

このとき，C 内で，C_1, C_2 外の領域（砂地部分）では，被積分関数は正則だね．ということになれば，コーシーの積分定理の拡張と基本周回積分が，お待ちかねで，

$$\int_C \frac{z}{z^2+1}dz = \int_{C_1} \frac{z}{z^2+1}dz + \int_{C_2} \frac{z}{z^2+1}dz$$
$$= \frac{1}{2}\left(\int_{C_1} \frac{1}{z-i}dz + \int_{C_1} \frac{1}{z+i}dz\right) + \frac{1}{2}\left(\int_{C_2} \frac{1}{z-i}dz + \int_{C_2} \frac{1}{z+i}dz\right)$$
$$= \frac{1}{2}(2\pi i + 0) + \frac{1}{2}(0 + 2\pi i) = 2\pi i$$

のように，一気に解決というわけ．

圭子 気持ちがいいですね．

先生 ぜひ，いろいろな具体例を考えて欲しいな．

●フレネル積分

先生 複素積分の実積分への応用として，まず，フランスの物理学者フレネルが，波動回折に用いた**フレネル積分**をやってみよう．

[例] 右のような積分路
$$C = K_1 + K_2 + (-K_3)$$
に沿った複素積分
$$\int_C e^{iz^2} dz$$
を用いて，次を示せ：
$$\int_0^{+\infty} \cos(x^2) dx = \int_0^{+\infty} \sin(x^2) dx = \frac{\sqrt{\pi}}{2\sqrt{2}}$$
ただし，$\int_0^{+\infty} e^{-x^2} dx = \frac{\sqrt{\pi}}{2}$ は，既知とする．

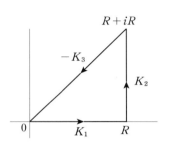

先生 $-K_3$ としたのは，パラメータ表示が，キレイな形になるためであって，他意はないんだ．

$$K_1 : z = z(x) = x \quad (0 \leq x \leq R)$$
$$K_2 : z = z(y) = R + iy \quad (0 \leq y \leq R)$$
$$K_3 : z = z(t) = (1+i)t \quad (0 \leq t \leq R)$$

さて，$f(z) = e^{iz^2}$ は，全平面で正則だから，もちろん，C 上および C 内でも正則だね．となれば，コーシーの積分定理によって，

$$\int_{K_1 + K_2 + (-K_3)} e^{iz^2} dz = 0$$

ゆえに，

$$\int_{K_1} e^{iz^2} dz + \int_{K_2} e^{iz^2} dz - \int_{K_3} e^{iz^2} dz = 0 \quad \cdots\cdots (*)$$

そこで，この等式$(*)$で，$R \to +\infty$ という極限を考えようというのだ．
各項がどうなるか．はたして，

Lesson 12. 実積分への応用・Part I

Ⅰ. $\displaystyle\int_{K_1} e^{iz^2} dz = \int_0^R e^{ix^2} \cdot z'(x) dx = \int_0^R e^{ix^2} dx \quad (\because\ z'(x)=1)$

$\displaystyle\qquad\qquad = \int_0^R \cos(x^2) + i\sin(x^2) dx \quad (\text{オイラーの公式})$

$\displaystyle\qquad\qquad \longrightarrow \int_0^{+\infty} \cos(x^2) dx + i\int_0^{+\infty} \sin(x^2) dx \quad (R \to +\infty)$

Ⅱ. $\displaystyle\left|\int_{K_2} e^{iz^2} dz\right| = \left|\int_0^R e^{i(R+iy)^2} \cdot i\, dy\right| \qquad (\because\ z'(y)=i)$

$\displaystyle\qquad\qquad = \left|\int_0^R e^{-2Ry} e^{i(R^2-y^2)} \cdot i\, dy\right|$

$\displaystyle\qquad\qquad \leqq \int_0^R e^{-2Ry} \left|e^{i(R^2-y^2)}\right| \cdot |i| dy$

$\displaystyle\qquad\qquad = \int_0^R e^{-2Ry} dy = \frac{1}{-2R}\left[e^{-2Ry}\right]_0^R$

$\displaystyle\qquad\qquad = \frac{e^{-2R^2}-1}{-2R} \longrightarrow 0 \quad (R \to +\infty)$

Ⅲ. $\displaystyle\int_{K_3} e^{iz^2} dz = \int_0^R e^{i(1+i)^2 t^2} \cdot (1+i) dt \qquad (\because\ z'(t)=1+i)$

$\displaystyle\qquad\qquad = (1+i)\int_0^R e^{-2t^2} dt$

$\displaystyle\qquad\qquad \longrightarrow (1+i)\int_0^{+\infty} e^{-2t^2} dt = (1+i)\frac{\sqrt{\pi}}{2\sqrt{2}}$

この最後のところは？ 確認して欲しいな．

圭子 置換積分ですね．やってみます．

与えられた等式 $\displaystyle\int_0^{+\infty} e^{-x^2} dx = \frac{\sqrt{\pi}}{2}$ で，$x = \sqrt{2}\, t$ とおけば，

$$dt = \frac{1}{\sqrt{2}} dx$$

x	0	$\to$	$+\infty$
t	0	$\to$	$+\infty$

ですから，

$$\int_0^{+\infty} e^{-2t^2} dt = \int_0^{+\infty} e^{-x^2} \cdot \frac{1}{\sqrt{2}} dx = \frac{1}{\sqrt{2}}\int_0^{+\infty} e^{-x^2} dx$$

$$= \frac{1}{\sqrt{2}} \cdot \frac{\sqrt{\pi}}{2} = \frac{\sqrt{\pi}}{2\sqrt{2}}$$

先生 そうだね．そこで，以上から，先ほどの式(*)で，極限 $R \to +\infty$ をとれば，次の式が得られるわけだ：

$$\int_0^{+\infty} \cos(x^2)dx + i\int_0^{+\infty} \sin(x^2)dx + 0 - (1+i)\frac{\sqrt{\pi}}{2\sqrt{2}} = 0$$

この等式を実部・虚部に分けてごらん．証明すべき等式が自然に出てくるだろう．

●特異点を迂回する積分路

先生 複素積分の実積分への応用．もう一題やっておこう．

> [例] $\displaystyle\int_0^{+\infty} \frac{\sin x}{x} dx = \frac{\pi}{2}$ を示せ．

圭子 先生，**特異点**っていいますと？

先生 まだ，キチンと言わなかったね．次のように定義します：

$$\alpha \text{ は } f(z) \text{ の特異点} \iff f(z) \text{ は点 } \alpha \text{ で正則ではない}$$

それでは，解答を示しますので，まず，よくきいて下さい．

被積分関数 $\quad f(z) = \dfrac{e^{iz}}{z} \quad$ ($f(z) = \dfrac{\sin z}{z}$ ではありませんぞ！)

積分路 $\quad C = K_R + L_1 + (-K_r) + L_2$

$K_R : z = Re^{it} \ (0 \leq t \leq \pi)$

$L_1 : z = x \ (-R \leq x \leq -r)$

$K_r : z = re^{it} \ (0 \leq t \leq \pi)$

$L_2 : z = x \ (r \leq x \leq R)$

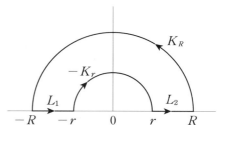

を考えます．ただし，$R > 0$ は十分大きく，$r > 0$ は十分小さいものとします．

このとき，$f(z)$ は，C とその内部で正則だから，

Lesson 12. 実積分への応用・Part I

$$\int_{K_R+L_1+(-K_r)+L_2} \frac{e^{iz}}{z} dz = 0 \quad (\text{コーシーの積分定理})$$

$$\int_{K_R} \frac{e^{iz}}{z} dz + \int_{L_1} \frac{e^{iz}}{z} dz - \int_{K_r} \frac{e^{iz}}{z} dz + \int_{L_2} \frac{e^{iz}}{z} dz = 0$$

前問と同じように，この式で，$R \to +\infty$, $r \to +0$ なる極限を考えよう．

I．曲線 K_R では，$z = Re^{it}$, $dz = iRe^{it} dt$ だから，

$$e^{iz} = e^{iRe^{it}} = e^{iR(\cos t + i \sin t)} = e^{iR \cos t} \cdot e^{-R \sin t}$$

したがって，

$$\left| \int_{K_R} \frac{e^{iz}}{z} dz \right| = \left| \int_0^\pi \frac{e^{iR\cos t} \cdot e^{-R\sin t}}{Re^{it}} \cdot iRe^{it} dt \right|$$

$$= \left| \int_0^\pi i e^{iR\cos t} \cdot e^{-R\sin t} dt \right|$$

$$\leq \int_0^\pi |i||e^{iR\cos t}| e^{-R\sin t} dt$$

$$= \int_0^\pi e^{-R\sin t} dt = 2\int_0^{\frac{\pi}{2}} e^{-R\sin t} dt$$

$$\leq 2\int_0^{\frac{\pi}{2}} e^{-\frac{2R}{\pi}t} dt = 2\left[-\frac{\pi}{2R} e^{-\frac{2R}{\pi}t} \right]_0^{\frac{\pi}{2}}$$

$$= \frac{\pi}{R}\left(1 - \frac{1}{e^R}\right) \to 0 \quad (R \to +\infty)$$

注 $y = \sin t$ は $t = \frac{\pi}{2}$ に関して対称

$0 \leq t \leq \frac{\pi}{2} \Longrightarrow \frac{2}{\pi}t \leq \sin t$ は，次の図より明らか．

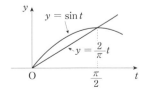

II. $\displaystyle\int_{L_1}\frac{e^{iz}}{z}dz = \int_{-R}^{-r}\frac{e^{ix}}{x}dx = \int_{R}^{r}\frac{e^{-it}}{-t}(-dt) = -\int_{r}^{R}\frac{e^{ix}}{x}dx$

ゆえに，

$$\int_{L_1}\frac{e^{iz}}{z}dz + \int_{L_2}\frac{e^{iz}}{z}dz = \int_{r}^{R}\frac{e^{ix}-e^{-ix}}{x}dx = 2i\int_{r}^{R}\frac{\sin x}{x}dx$$

$$\longrightarrow 2i\int_{0}^{+\infty}\frac{\sin x}{x}dx \quad (R\to +\infty,\ r\to +0)$$

III. $\displaystyle\frac{e^{iz}}{z} = \frac{1}{z}\left(1+iz+\frac{(iz)^2}{2!}+\frac{(iz)^3}{3!}+\cdots\right)$

$\displaystyle\qquad = \frac{1}{z} + i\underbrace{\left(1+\frac{iz}{2!}+\frac{(iz)^2}{3!}+\cdots\right)}_{\text{ここは正則}}$

のように，正則部分とそれ以外に分けられるので，

$$\int_{K_r}\frac{e^{iz}}{z}dz = \int_{K_r}\frac{e^{iz}-1}{z}dz + \int_{K_r}\frac{1}{z}dz$$

と分けてみようか．

曲線 $K_r: z = re^{it}\ (0\leq t\leq \pi)$ 上では，$|z|=r,\ |iz|=r$ だから，

$$\left|\frac{e^{iz}-1}{z}\right| = \frac{1}{|z|}\left|\frac{iz}{1!}+\frac{(iz)^2}{2!}+\frac{(iz)^3}{3!}+\cdots\right|$$

$$\leq \frac{1}{|z|}\left(\frac{|iz|}{1!}+\frac{|iz|^2}{2!}+\frac{|iz|^3}{3!}+\cdots\right)$$

$$= \frac{1}{r}\left(\frac{r}{1!}+\frac{r^2}{2!}+\frac{r^3}{3!}+\cdots\right) = \frac{e^r-1}{r}$$

したがって，

$$\left|\int_{K_r}\frac{e^{iz}-1}{z}dz\right| \leq \frac{e^r-1}{r}\cdot\pi r \quad (K_r \text{ の全長}=\pi r)$$

$$= (e^r-1)\pi \to 0 \quad (r\to +0)$$

また，

$$\int_{K_r}\frac{1}{z}dz = \int_{0}^{\pi}\frac{1}{re^{it}}\cdot ire^{it}dt = i\int_{0}^{\pi}dt = \pi i$$

Lesson 12. 実積分への応用・Part I

となるね．さあ，いよいよ，ゴールだ．

上の等式 ($*$) は，$R \to +\infty$, $r \to +0$ のとき，

$$2i \int_0^{+\infty} \frac{\sin x}{x} dx - \pi i = 0 \qquad \therefore \int_0^{+\infty} \frac{\sin x}{x} dx = \frac{\pi}{2}$$

となって，めでたく，解決した！

貞人　$f(z) = \dfrac{\sin z}{z}$ では，いけませんか？

先生　$\displaystyle\int_{K_R} \frac{\sin z}{z} dz \to 0$ が成立しないんだ．被積分関数・積分路は，ただ一通りではない．正直言って，**経験**と**勘**によって発見することが多いが，それも，いくつかの典型的な例をマスターしてしまえば，実積分の範囲で，アレコレ工夫するより，ラクなんだよ．今回は，ここまでにしようか．

貞人・圭子　先生，本日は，ありがとうございました．

|||||||||| **演習問題** |||||||||||||||||||||||||||||||||||||||||||||||||||||||||||||||||||||||||||||||||||||||||||||

12.1 右のような
$$C = L_1 + K + (-L_2)$$
に沿った複素積分
$$\int_C e^{iz^2} dz$$
を用いて，次を示せ：

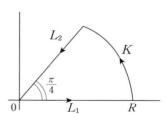

$$\int_0^{+\infty} \cos(x^2) dx = \int_0^{+\infty} \sin(x^2) dx = \frac{\sqrt{\pi}}{2\sqrt{2}}$$

ただし，$\displaystyle\int_0^{+\infty} e^{-x^2} dx = \frac{\sqrt{\pi}}{2}$ は，既知とする．

Lesson 13　ε-δ式論法エトセトラ

●●●●● ε-δ なんか恐くない ●●●

圭子　先生，こんにちは．
貞人　よろしく，お願いいたします．
先生　やあ，よく来たね．まあ，掛けたまえ．

● ε(イプシロン) - δ(デルタ) 式論法・1

先生　えー，今回は，ε-δ式論法，それに，いくつかの基本事項について，説明しましょう．

圭子　前々回のコーシーの積分定理の最後のところが，よく分からなかったので，先生に，お電話したのです．大学微積分で必要なことが出てきたら説明して下さるということでしたので．

先生　そうだったね．まずは，ε-δ式論法だ．

このε-δ式論法っていうのは，**ベクトルの一次独立性**と並んで，伝統的に大学新入生には"分かりにくい"ものと言われてきたんだ．

貞人　でも，飢男先生の手にかかれば"恐れるに足らず"ですね．

先生　ハハハハ，そう言われちゃうとね．それでは，まず，数列 $\{a_n\}$ の極限値についての次の問題を解いてみて下さい：

> [例] $a_n = \dfrac{2n+1}{3n-1}$ のとき,$A = \lim_{n\to\infty} a_n = \dfrac{2}{3}$ である.
>
> (1) $\qquad n > N$ のとき,つねに $|a_n - A| < 0.01$
>
> となるような,最小の自然数 N を求めよ.
>
> (2) $\qquad n > N$ のとき,つねに $|a_n - A| < 0.0001$
>
> となるような,最小の自然数 N を求めよ.

貞人 できそうなので,やってみます.

(1) $\quad |a_n - A| = \left|\dfrac{2n+1}{3n-1} - \dfrac{2}{3}\right| = \dfrac{5}{3(3n-1)} < 0.01$

$\qquad \therefore \quad n > 55.8\cdots$

求める N は,$55.8\cdots$ を越えない最大の自然数ですから,$N = 55$ です.

(2) $\quad |a_n - A| = \left|\dfrac{2n+1}{3n-1} - \dfrac{2}{3}\right| = \dfrac{5}{3(3n-1)} < 0.0001$

$\qquad \therefore \quad n > 5555.8\cdots$

求める N は,$5555.8\cdots$ を越えない最大の自然数で,$N = 5555$ となります.

先生 お見事.さすがに,(1)で,$N = 56$ と勘違いしなかったね.次の話を聞いて下さい.

いま,数列 $\{a_n\}$ において,番号 n が限りなく大きくなるとき,a_n が限りなく一定値 A に近づくとき,数列 $\{a_n\}$ は A に**収束**するといい,

$$\lim_{n\to\infty} a_n = A$$

などと記し,この近づく目標の値 A を,数列 $\{a_n\}$ の**極限値**という.

これで,一応よく分かるものを,数学者は,わざわざ,次のように定義するのです:

Lesson 13. ε−δ式論法エトセトラ

■ポイント ε−δ 式論法(数列の極限値)

数列 $\{a_n\}$ において,**どんなに小さい正数** $\varepsilon > 0$ **が与えられても**,**その注文に応じて**,

$$n > N \text{ のとき, つねに } |a_n - A| < \varepsilon$$

となるような番号 N を**見出すことができる**とき,

$$\lim_{n \to \infty} a_n = A$$

と記し,定数 A を,数列 $\{a_n\}$ の**極限値**という.

けっきょく,数列 $\{a_n\}$ が A に収束するというのは,ある番号 N 以降の $a_{N+1}, a_{N+2}, \cdots$ は,すべて,A からの距離が ε 以内のところに入ってしまう,ということで,$\varepsilon > 0$ に応じて,このような番号 N を見出すことができるということです.

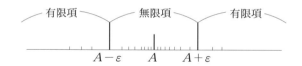

圭子 ε−δ 式というより,ε−N 式ですね.
先生 そう言われれば,そうだね.
貞人 先生.数列の極限値を,高校数学のように,直感的に定義しても,よくわかるのに,どうして,ε−δ 式の定義を考えるのですか?
けっきょく,同じことだと思いますが….
先生 なるほど.**ε−δ 式論法の存在理由**ね.
その第一の理由は,単に $a_n \to A$ というだけでは,近づき方の精度が一向に分からない.上の例題は参考になるだろう.
第二の理由は,微積分さらに解析学を構築するとき,できるだけアイマイさを排除し,厳密な理論を展開しようとするためなんだ.
たとえば,初等微積分には登場しない "一様収束" などという概念は,単に "限りなく近づく" というだけでは,表現しきれないので,どうしても,

より厳密な記述が要求されるんだ．

次に，数列が $+\infty$ に発散することの ε-δ 式定義を記しておこう：

■ポイント　　　　　　　　　　　ε-δ 式論法（数列の極限）

　数列 $\{a_n\}$ において，**どんなに大きい正数 $R>0$ が与えられても**，**その注文に応じて**，
$$n>N \text{ のとき，つねに } a_n>R$$
となるような番号 N を**見出すことができる**とき，
$$\lim_{n\to\infty} a_n = +\infty$$
と記し，数列 $\{a_n\}$ は，$+\infty$ に**発散**するという．

● ε-δ 式論法・2

先生　それでは，次に，関数の極限値の場合をやってみよう．

■ポイント 　　　　　　　　　　ε-δ 式論法（関数の極限値）

　a の近くで定義された関数 $f(x)$ において，**どんなに小さい正数 $\varepsilon>0$ が与えられても**，**その注文に応じて**，
$$0<|x-a|<\delta \text{ のとき，つねに } |f(x)-A|<\varepsilon \quad \cdots\cdots (\ast)$$
となるような正数 $\delta>0$ を**見出すことができる**とき，
$$\lim_{x\to a} f(x) = A$$
と記す．

貞人　この定義の言わんとすることは，次の図のようになるでしょうか？

先生　そうだね．ただ，上の定義で，注意して欲しいのは，$(\ast)$で，
$$|x-a|<\delta$$
ではなく，

$$0 < |x - a| < \delta$$

だということ．関数 $f(x)$ は，案外 $x = a$ で定義されていないかもしれないし，定義されていても，関数値 $f(a)$ と極限値 A とは，別物なのだから．

圭子 "関数値 = 極限値"のとき，連続と言うのでしたね．

先生 そう．だから，関数 $f(x)$ が点 a で**連続**であることの ε-δ 式の定義は，上の定義で，(*)を，次のようにかけばよいわけ：

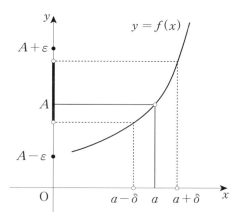

$$|x - a| < \delta \quad \text{のとき，つねに} \quad |f(x) - f(a)| < \varepsilon$$

連続の場合は，$0 < |x - a| < \delta$ ではなく，$|x - a| < \delta$ だよ．いいね．

ここで，ついでながら言っておくけれど，関数が**連続だ**というのは，

変数値の変化高が微小ならば，関数値の変化高も微小である

ということであって，これが連続関数の本質なのだ．ぜひ，このように頭に入れておいて欲しいな．

● 極限の順序交換

先生 いま，$f(x, y)$ を，x, y の 2 変数関数としよう．

このとき，まず，$y \to b$ という極限を考え，次に，その結果に，$x \to a$ という極限をとったものが考えられる：

$$\lim_{x \to a} \left(\lim_{y \to b} f(x, y) \right)$$

次に，この順序を逆にしたものも考えられる：

$$\lim_{y \to b} \left(\lim_{x \to a} f(x, y) \right)$$

じつは，この両者は，**必ずしも**等しくならないのだ．

あまりに簡単な例で，申し訳ないけれど，そうだな，たとえば

$$f(x, y) = \frac{2x + 3y}{x + y} \quad (x \neq 0, \, y \neq 0)$$

について，$\lim\limits_{x \to 0}\left(\lim\limits_{y \to 0} f(x,y)\right)$ と $\lim\limits_{y \to 0}\left(\lim\limits_{x \to 0} f(x,y)\right)$ を計算してみてくれないか．

圭子 わたし，やってみます．

$$\lim_{x \to 0}\left(\lim_{y \to 0} \frac{2x + 3y}{x + y}\right) = \lim_{x \to 0} \frac{2x}{x} = 2$$

$$\lim_{y \to 0}\left(\lim_{x \to 0} \frac{2x + 3y}{x + y}\right) = \lim_{y \to 0} \frac{3y}{3} = 3$$

たしかに，等しくなりませんね．

先生 そうだね．この例からも，次の事実が明らかになったのだ：

極限の順序交換は，一般には，許されない

それでは，いかなる条件の下で，極限の順序交換が許されるのか？ という興味津々たる問題があるが，ここでは，この問題には立ち入らない．ぼくが，極限の順序交換を持ち出したのは，うっかりやってしまいそうな

積分記号下の微分： $\dfrac{\partial}{\partial \alpha} \displaystyle\int_C f(z, \alpha) dz = \int_C \dfrac{\partial}{\partial \alpha} f(z, \alpha) dz$

級数の項別微分： $\dfrac{d}{dz} \displaystyle\sum_{n=0}^{\infty} f_n(z) = \sum_{n=0}^{\infty} \dfrac{d}{dz} f_n(z)$

級数の項別積分： $\displaystyle\int_C \sum_{n=0}^{\infty} f_n(z) dz = \sum_{n=0}^{\infty} \int_C f_n(z) dz$

などは，**無条件では許されない**——これを言いたかったからです．

それは，微分も積分も級数も，次のように，lim によって定義されるので，上の積分記号下の微分も他のものもけっきょくは，**極限の順序交換の問題**になるわけ：

$$\frac{d}{dz}f(z) = \lim_{\Delta z \to 0} \frac{f(z+\Delta z)-f(z)}{\Delta z}$$

$$\int_C f(z)dz = \lim_{n \to \infty} \sum_{k=1}^{n} f(z_k)(\alpha_k - \alpha_{k-1})$$

$$\sum_{n=0}^{\infty} f_n(z) = \lim_{n \to \infty}(f_1(z)+f_2(z)+\cdots+f_n(z))$$

● 実数値連続関数の性質

先生 いま,実数値連続関数の大切な次の性質を指摘しておきます:

● 関数 $f(x)$ が,閉区間 $a \leq x \leq b$ で連続ならば,$f(x)$ は,
  この区間で有界で,最大値・最小値をもつ.

 もちろん.この事実を,**実数の連続性**によって証明することはできますが,ここでは,その証明は省略し,"有界閉区間"および"連続"という条件が一方でも欠けると,最大値・最小値をもたなくなることを,次の中央と右側のグラフから了解していただくことにとどめたいんだ.

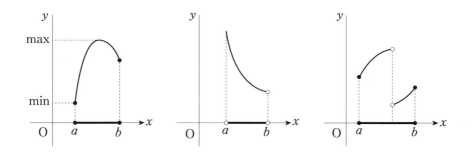

 この連続関数の性質は,いま学んでいる複素解析では,たとえば,次のような形で利用されるのです:

● $f(z)$ を正則とし,C を有界閉曲線とする.このとき,C 上の実数値関数 $z \longmapsto |f(z)|$ は,最大値・最小値をもつ.

先生 それでは，最後は，ε-δ 式論法のやさしい演習問題だ．

> ［例］ 次の(1),(2)をε-δ式論法によって証明せよ．
> (1) $a_n = 2^n$ のとき，$\displaystyle\lim_{n\to\infty} a_n = +\infty$
> (2) 関数 $f(x) = \sqrt{x}$ は，$x = 4$ で連続である．

圭子 (1)いま，大きな正数 $R > 0$ が与えられたとします．このとき，
$$a_n = 2^n > R \quad \text{より} \quad n > \log_2 R$$
ですよね．ですから，$\log_2 R$ を越えない最大の整数を N とすれば，
$$n > N \text{ のとき，つねに } a_n > R$$
が成立するから，これでいいのよね．与えられた R に対して，N を見出せたので．

貞人 でも，この問題では，N は $\log_2 R$ より大きい整数なら何でもいいんじゃないかな．"を越えない"なんて言わなくても．

先生 そうだね．

圭子 (2)いま，$\varepsilon > 0$ が与えられたとします．このとき，
$$|\sqrt{x} - \sqrt{4}| < \varepsilon$$
より，
$$2 - \varepsilon < \sqrt{x} < 2 + \varepsilon$$
ゆえに
$$(2-\varepsilon)^2 < x < (2+\varepsilon)^2$$
そこで，
$$\delta = \min\{4-(2-\varepsilon)^2,\ (2+\varepsilon)^2 - 4\} = 4 - (2-\varepsilon)^2$$
とおけば，

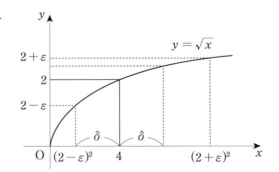

$$|x-4|<\delta \quad \text{すなわち} \quad 4-\delta < x < 4+\delta$$

のとき，

$$4-\{4-(2-\varepsilon)^2\} < x < 4+\delta < 4+\{(2+\varepsilon)^2-4\}$$
$$\therefore \quad (2-\varepsilon)^2 < x < (2+\varepsilon)^2$$
$$\therefore \quad 2-\varepsilon < \sqrt{x} < 2+\varepsilon$$
$$\therefore \quad |\sqrt{x}-\sqrt{4}| < \varepsilon$$

先生 やあ，気持ちのいい正解だね．次回は，また複素解析に戻ろう．今日は，ここまでにしよう．

貞人・圭子 先生，本日は，ありがとうございました．

演習問題

13.1 $a_n = (-1)^n$ なる数列 $\{a_n\}$ は収束しないことを，ε-δ 式論法によって示せ．

13.2 $a_n = 2^n$ なる数列 $\{a_n\}$ について，

(1) $\lim_{n \to \infty} a_n = +\infty$ であることを，ε-δ 式論法によって示せ．

(2) $n > N$ ならばつねに $a_n > 10^8$ となる最小の番号 N を求めよ．

Lesson 14 コーシーの積分公式

●●●●● 積分の値が微分で求められる！●●●

圭子 先生，こんにちは．
貞人 よろしく，お願いいたします．
先生 やあ，よく来たね．まあ，掛けたまえ．

●コーシーの積分公式

先生 えー，今回は，**コーシーの積分公式**です．これも，コーシーの積分定理と並んで，複素解析を支える大定理なのです．積分定理と積分公式とを混同しないようにね．

●ポイント　　　　　　　　　　　　　　　コーシーの積分公式

関数 $f(z)$ が領域 D で正則ならば，D の点 α と，α を囲む D 内の単一閉曲線 C について，

$$f(\alpha) = \frac{1}{2\pi i} \int_C \frac{f(z)}{z-\alpha} dz$$

ただし，C の内部は D に含まれるとする．
この等式を，**コーシーの積分公式**とよぶ．

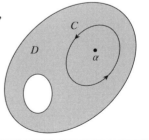

先生 この公式を，よく見て下さい．この公式は，きわめて重要な意味をもっています．
貞人・圭子 ……

先生 左辺の $f(\alpha)$ は，関数 $f(z)$ の C 内の点 α での値だね．右辺の積分は，曲線 C 上での関数値だけで定義されるよね．けっきょく，
境界での値が内部の値を決定する
のだ！ そうだな．針金の少しゆがんだ丸い枠(わく)でシャボン玉を作るときのことを想像して下さい．これは，関数 $f(z)$ の正則性（超滑らか，品行方正な優等性）のなせる業(わざ)だな．では，証明をやろう．

証明 被積分関数 $\dfrac{f(z)}{z-\alpha}$ は，点 α 以外で正則だから，コーシーの積分定理（の拡張）により積分路を，右のような中心 α の小円 C_r に変更できる：

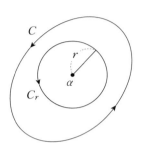

$$\int_C \frac{f(z)}{z-\alpha}\,dz = \int_{C_r} \frac{f(z)}{z-\alpha}\,dz$$
$$= \int_{C_r} \frac{f(z)-f(\alpha)}{z-\alpha}\,dz + \int_{C_r} \frac{f(\alpha)}{z-\alpha}\,dz$$
$$= \int_{C_r} \frac{f(z)-f(\alpha)}{z-\alpha}\,dz + 2\pi i\, f(\alpha)$$

ところで，$f(z)$ は D で正則だから，もちろん点 α で連続だね．

したがって，どんなに小さい正数 $\varepsilon>0$ が与えられても，それに応じて，半径 r を十分小さくとれば，
$$|f(z)-f(\alpha)|<\varepsilon$$
となるね．このとき，小円 C_r 上の点 z に対して，
$$\left|\frac{f(z)-f(\alpha)}{z-\alpha}\right| = \frac{|f(z)-f(\alpha)|}{|z-\alpha|} \leq \frac{\varepsilon}{r}$$

また，小円 C_r の周長は，$2\pi r$ だから，
$$0 \leq \left|\int_{C_r} \frac{f(z)-f(\alpha)}{z-\alpha}\,dz\right| \leq \frac{\varepsilon}{r}\times 2\pi r = 2\pi\varepsilon$$

この不等式が，任意の $\varepsilon>0$ について成立することから，
$$\left|\int_{C_r} \frac{f(z)-f(\alpha)}{z-\alpha}\,dz\right| = 0 \qquad \therefore \int_{C_r} \frac{f(z)-f(\alpha)}{z-\alpha}\,dz = 0$$

以上から，

$$f(\alpha) = \frac{1}{2\pi i} \int_C \frac{f(z)}{z-\alpha} dz$$

が得られて，めでたく一件落着というわけ．

> [例] 次の複素積分の値を求めよ．
> $$\int_C \frac{e^{\pi z}}{z-2i} dz \quad C:|z-i|=2$$

貞人 被積分関数が正則でない点 $2i$ は，円 C 内にあって，他の点では正則．
$$f(z) = e^{\pi z}, \quad \alpha = 2i$$
の場合ですね，コーシーの積分公式より，

$$\begin{aligned}
\int_C \frac{e^{\pi z}}{z-2i} dz &= \int_C \frac{f(z)}{z-\alpha} dz \\
&= 2\pi i f(\alpha) = 2\pi i e^{\pi i} \\
&= 2\pi i (\cos \pi + i \sin \pi) \\
&= -2\pi i
\end{aligned}$$

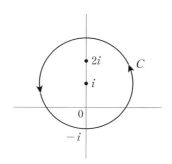

●コーシーの積分公式の拡張

先生 コーシーの積分公式で，α を変数 z に，z を ζ に書きかえると，
$$f(z) = \frac{1}{2\pi i} \int_C \frac{f(\zeta)}{\zeta - z} d\zeta$$
これは，正則関数 $f(z)$ が積分表示できることを示しているね．さらに，$f'(z), f''(z), \cdots$ も積分で書けるのだ：

●ポイント コーシーの積分公式の拡張

関数 $f(z)$ が領域 D で正則ならば，D の点 α と，α を囲む単一閉曲線 C について，
$$f^{(n)}(\alpha) = \frac{n!}{2\pi i} \int_C \frac{f(z)}{(z-\alpha)^{n+1}} dz \quad (n=1, 2, 3, \cdots)$$
ただし，C の内部は D に含まれるとする．

したがって，**正則関数は，何回でも微分可能である**．

貞人 えっ！ 1回でも微分できれば，何回でも微分できるんですか？ これは，実関数にはなかった性質ですね．

先生 証明は，ぼくがやってみよう．数学的帰納法で．

$n=1$ の場合：
$$f'(\alpha) = \frac{1}{2\pi i} \int_C \frac{f(z)}{(z-\alpha)^2} dz$$

を証明するわけね．いま，C 内に，中心 α，半径 r の小円 C_r を描こう．$h \fallingdotseq 0$ の場合を考えるので，$\alpha+h$ も円 C_r 内にあるとする．

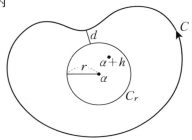

さて，
$$f(\alpha+h) = \frac{1}{2\pi i} \int_C \frac{f(z)}{z-(\alpha+h)} dz$$
$$f(\alpha) = \frac{1}{2\pi i} \int_C \frac{f(z)}{z-\alpha} dz$$

だから，
$$\frac{f(\alpha+h)-f(\alpha)}{h} = \frac{1}{2\pi i} \int_C \left(\frac{1}{z-(\alpha+h)} - \frac{1}{z-\alpha} \right) f(z) dz$$
$$= \frac{1}{2\pi i} \int_C \frac{f(z)}{(z-\alpha-h)(z-\alpha)} dz$$

したがって，次の補題を証明すればよいことになる：

●補題 $h \to 0$ のとき，

$$\int_C \frac{f(z)}{(z-\alpha-h)(z-\alpha)}dz - \int_C \frac{f(z)}{(z-\alpha)^2}dz \longrightarrow 0$$

この証明は，難しくないよ．円 C と C_r との最短距離を d とすると，α も，$\alpha+h$ も円 C_r 内にあるので，

$$|z-\alpha-h| \geqq d, \quad |z-\alpha| \geqq d$$

また，

$$M = \max_{z \in C} |f(z)| \ (C \text{ 上での } |f(z)| \text{ の最大値})$$
$$L = \text{曲線 } C \text{ の周長}$$

とすれば，

$$0 \leqq \left| \int_C \frac{f(z)}{(z-\alpha-h)(z-\alpha)}dz - \frac{f(z)}{(z-\alpha)^2}dz \right|$$
$$= \left| \int_C \frac{hf(z)}{(z-\alpha-h)(z-\alpha)^2}dz \right| \leqq |h| \frac{ML}{d^2}$$

この式で，$h \to 0$ とすればよい．いいね．

さあ，$n=1$ の場合ができたので，次は，$n \geqq 2$ の場合だ．

そこで，いま，$n-1$ の場合に定理が成立すると仮定しよう：

$$f^{(n-1)}(\alpha) = \frac{(n-1)!}{2\pi i} \int_C \frac{f(z)}{(z-\alpha)^n}dz$$

このとき，

$$\frac{f^{(n-1)}(\alpha+h) - f^{(n-1)}(\alpha)}{h} = \frac{(n-1)!}{2\pi i} \int_C \left\{ \frac{1}{(z-\alpha-h)^n} - \frac{1}{(z-\alpha)^n} \right\} f(z)dz$$

$$= \frac{(n-1)!}{2\pi i} \int_C \frac{(z-\alpha)^n - (z-\alpha-h)^n}{(z-\alpha-h)^n(z-\alpha)^n} f(z)dz$$

$$= \frac{(n-1)!}{2\pi i} \int_C \frac{nh(z-\alpha)^{n-1} - \frac{n(n-1)}{2}h^2(z-\alpha)^{n-2} + \cdots}{(z-\alpha-h)^n(z-\alpha)^n} f(z)dz$$

$$= \frac{(n-1)!}{2\pi i} \int_C \frac{nh(z-\alpha)^{n-1} f(z)}{(z-\alpha-h)^n(z-\alpha)^n} dz$$

$$- \frac{h(n-1)!}{2\pi i} \int_C \frac{\frac{n(n-1)}{2}(z-\alpha)^{n-2} + \cdots\cdots}{(z-\alpha-h)^n(z-\alpha)^n} f(z)dz$$

この第2項は，分子の"……"は，**有限項**で，**積分の外**に h があるので，積

分の中味が何であっても，$h \to 0$ のとき，第2項 $\to 0$ だね．また，

$$\text{第1項} = \frac{n!}{2\pi i} \int_C \frac{f(z)}{(z-a-h)^n(z-\alpha)^n} dz$$

は，先ほどの**補題**と，全く同様に，

$$h \to 0 \text{ のとき，第1項} \to 0$$

が証明される．というわけで，証明は，めでたく完了した！

貞人・圭子 （しばし，感慨深そうに黒板を見ている）

先生 コーシーの積分公式(の拡張)は，次の形で使用されます：

$$\int_C \frac{f(z)}{(z-\alpha)^{n+1}} dz = \frac{2\pi i}{n!} f^{(n)}(\alpha) \quad (n=1,2,3,\cdots)$$

圭子 **積分の値が微分で求められる**んですね．不思議ですね．

先生 そう．**複素解析の不思議の一つ**と言っていいかもしれないね．

［例］　次の複素積分の値を求めよ：

$$\int_C \frac{z^3 - 4z^2 + 1}{(z-1)^3} dz \quad C : |z-1| = 1$$

圭子 コーシーの積分公式(拡張)で，次の場合です：

$$\alpha = 1, \ n = 2, \ f(z) = z^3 - 4z^2 + 1$$
$$f'(z) = 3z^2 - 8z, \ f''(z) = 6z - 8$$

したがって，

$$\int_C \frac{z^3 - 4z^2 + 1}{(z-1)^3} dz = \frac{2\pi i}{2!} f''(1) = \frac{2\pi i}{2!} \cdot (-2) = -2\pi i$$

●コーシーの積分公式の応用

先生 コーシーの積分公式の応用は広いのだが，ここで，二三の応用を述べます．あ，これから"コーシーの積分公式の拡張"を，"コーシーの積分公式"と言ってしまいましょう．"コーシーの積分定理の拡張"も"コーシーの積分定理"と言いましょうよ．

Lesson 14. コーシーの積分公式

●ポイント   **最大値原理**

関数 $f(z)$ が領域 D とその境界で正則であるとき，$|f(z)|$ は D 内の点 α で極大値をとることはない．すなわち，

$$\alpha \text{ に十分近い任意の } z \text{ に対して，} |f(\alpha)| > |f(z)|$$

が成立することはない．**最大値は境界でとる**．

先生 では，一応証明しておきましょう．いま，十分小さい r に対して，

$$|z - \alpha| \leq r \text{ のとき，つねに } |f(\alpha)| > |f(z)|$$

と仮定して矛盾を導こう．積分路として，D 内の

$$\text{小円 } C : z = \alpha + re^{it} \quad (0 \leq t \leq 2\pi)$$

をとると，

$$|f(\alpha)| = \left| \frac{1}{2\pi i} \int_C \frac{f(z)}{z - \alpha} dz \right|$$

$$= \left| \frac{1}{2\pi i} \int_0^{2\pi} \frac{f(\alpha + re^{it})}{re^{it}} \cdot ire^{it} dt \right| \leq \frac{1}{2\pi} \int_0^{2\pi} |f(\alpha + re^{it})| dt$$

ここで，$|f(\alpha + re^{it})| < |f(\alpha)|$ という仮定を用いれば，

$$< \frac{1}{2\pi} \int_0^{2\pi} |f(\alpha)| dt = |f(\alpha)|$$

こうして，$|f(\alpha)| < |f(\alpha)|$ という**矛盾を導く**ことができた！

貞人 最大値原理．これも不思議な性質ですね．

先生 もう一つやっておきましょう．

●ポイント   **リューヴィルの定理**[1]

有界な整関数は，定数関数だけである．

---

[1] Liouville (1809 - 1882)

圭子 先生，**整関数**て言いますと？

先生 整関数は，全複素平面で正則の関数のことです．また，$|f(z)|<M$ となる定数 M が存在するとき，関数 $f(z)$ は**有界**であるといいます．

それでは，証明に入ろう．いま，
$$|f(z)|<M$$
として，任意の中心 α，任意の半径 r の円
$$C:|z-\alpha|=r$$
に沿った複素積分を考えよう．積分公式を用いて，
$$0\leq|f'(\alpha)|=\left|\frac{1}{2\pi i}\int_C \frac{f(z)}{(z-\alpha)^2}\,dz\right|\leq \frac{1}{2\pi}\cdot\frac{M}{r^2}\cdot 2\pi r=\frac{M}{r}$$
この不等式が任意の $r>0$ について成立することから，
$$|f'(\alpha)|=0 \quad \therefore\ f'(\alpha)=0$$
となり，この等式が**任意の点** α について成立することから，
$$f(z)\text{ は，定数関数}$$
であることが得られた．いいね．

貞人 リューヴィルの定理．これも，実関数にはない性質ですね．実関数では，
$$|\cos x|\leq 1,\ |\sin x|\leq 1\ (-\infty<x<+\infty)$$
なのに，$\cos x$ も $\sin x$ も，定数関数ではないですからね．

圭子 複素関数では，$\cos z$ も $\sin z$ も，もちろん e^z も，**有界ではない**ということですね．

先生 それでは，リューヴィルの定理の応用として，有名な定理を一つやっておきましょうか．

── ●ポイント ────────────────── **代数学の基本定理** ──

n 次代数方程式
$$f(z)=a_0z^n+a_1z^{n-1}+\cdots+a_{n-1}z+a_n=0\ (a_0\neq 0)$$
は，少なくとも一つの複素数根をもつ．

Lesson 14. コーシーの積分公式

先生 いま，$f(z)=0$ なる複素数 z が存在しない，と仮定しますと，

$$g(z)=\frac{1}{f(z)} \text{ は，全平面で正則}$$

ということになります．また，$z\to\infty$ すなわち $|z|\to+\infty$ のとき，

$$|g(z)|=\frac{1}{|f(z)|}=\frac{1}{|z|^n\left|a_0+\dfrac{a_1}{z}+\dfrac{a_2}{z^2}+\cdots+\dfrac{a_n}{z^n}\right|}$$

$$\leq \frac{1}{|z|^n\left(|a_0|-\dfrac{|a_1|}{|z|}-\dfrac{|a_2|}{|z|^2}-\cdots-\dfrac{|a_n|}{|z|^n}\right)} \longrightarrow 0$$

したがって，次のような $R>0$ が存在するわけです：

$$|z|>R \implies |g(z)|<1$$

また，$|g(z)|$ は，z の実数値連続関数ですから，

$$|z|\leq R \implies |g(z)|：\text{有界}$$

ということで，$|g(z)|$ は，全平面で有界だということになる．

こうなれば，リューヴィルの定理によって，$|g(z)|$ は定数関数．けっきょく，$|f(z)|$ も定数関数という矛盾に至り，証明終わりというわけ．

貞人 この代数学の基本定理は，1800 年ごろガウスによってはじめて証明され，ガウスは生涯にわたって 4 種類の証明を与えた，と何かの本で読んだことがあります．

先生 そう．この定理を，代数学の基本定理とよぶけれど，ガウスの時代には確かに"基本定理"だったかもしれないが，現在では，**複素解析の偉力**で，アッという間に片づいてしまうもんね．まあ，こういう証明を好まない人も，けっこう，いるんじゃないかな．

圭子 冷凍食品をチン ── そんな気もしますね．

先生 ハハハハ，確かにね．それでは，最後の問題だ．

[例] $f(z)$ は，円 $C:|z-\alpha|=r$ と，その内部で正則とする．C 上での $|f(z)|$ の最大値を M とするとき，
$$|f^{(n)}(\alpha)| \leq \frac{n!\,M}{r^n} \quad (n=0,1,2,\cdots)$$
を示せ．この不等式を**コーシーの評価式**という．

貞人 簡単にできそうです．コーシーの積分公式から，一気に，
$$|f^{(n)}(\alpha)| = \left|\frac{n!}{2\pi i}\int_C \frac{f(z)}{(z-\alpha)^{n+1}}\,dz\right| \leq \frac{n!}{2\pi}\cdot\frac{M}{r^{n+1}}\cdot 2\pi r = \frac{n!\,M}{r^n}$$
でいいと思いますが．

先生 なるほど，なるほど．それでは，今日は，これまでにしましょう．

貞人・圭子 先生，本日は，ありがとうございました．

演習問題

14.1 次の複素積分の値を求めよ．

(1) $\displaystyle\int_C \frac{\cos z}{(z-i)^3}\,dz \quad C:|z+1|=2$

(2) $\displaystyle\int_C \frac{1}{(z-2)^2 z^3}\,dz \quad C:|z|=1$

Lesson 15 テイラー展開

●●●●● 次数無限大の多項式 ●●●

圭子 先生，こんにちは．
貞人 よろしく，お願いいたします．
先生 やあ，よく来たね．まあ，掛けたまえ．

●複素級数

先生 では，始めましょう．複素数列 $\{z_n\}$ の収束・極限値を，
$$\lim_{n\to\infty} z_n = c \iff \lim_{n\to\infty} |z_n - c| = 0$$
のように，**実数列の収束・極限値によって**定義します．このとき，
$$z_n = x_n + iy_n \quad (n = 0, 1, 2, \cdots)$$
$$c = a + ib$$

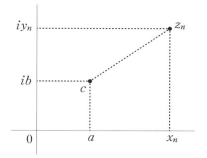

とおけば，明らかに，
$$|x_n - a| \leq |z_n - c| \leq |x_n - a| + |y_n - b|$$
$$|y_n - b| \leq |z_n - c| \leq |x_n - a| + |y_n - b|$$
が成立するね．これから，
$$z_n \to c \iff x_n \to a \text{ かつ } y_n \to b \ (n \to \infty)$$
すなわち，複素数列の収束・発散・極限値は，それぞれ，実部・虚部の実数列のそれらに帰着されることが，明確になった．

圭子 期待通りの結論ですね．

先生 複素級数も実級数と同様に定義されますが,一応述べておきましょうか.複素数列 $\{z_n\}$ に対して,次の形を**複素級数**とよびます:
$$\sum_{n=0}^{\infty} z_n = z_0 + z_1 + z_2 + \cdots\cdots \quad ^{1)}$$

この級数の部分和
$$S_n = z_0 + z_1 + \cdots + z_n$$

の作る複素数列 $\{S_n\}$ が S に収束するとき,この級数は**収束する**といい,
$$S = \sum_{n=0}^{\infty} z_n = z_0 + z_1 + z_2 + \cdots\cdots$$

と記し,S をこの級数の**和**といいます.級数とその和に**同一記号**を使用するのが慣例です.

また,級数 $\displaystyle\sum_{n=0}^{\infty} z_n$ に対して,実級数 $\displaystyle\sum_{n=0}^{\infty} |z_n|$ が収束するとき,もとの級数 $\displaystyle\sum_{n=0}^{\infty} z_n$ は,**絶対収束**するといいます.

さて,次に,級数の基本性質を列挙しますが,その前に,

　　　　数列,級数の収束・発散は,はじめの有限項に依らない!

ことを強調しておこう.いいね.

●ポイント ─────────────────────── **級数の基本性質**

(1) $\displaystyle\sum_{n=0}^{\infty} z_n$:収束 $\Longrightarrow \lim_{n\to\infty} z_n = 0$

(2) [**優級数定理**] 級数 $\displaystyle\sum_{n=0}^{\infty} z_n$ に対して,
$$|z_n| \leqq M_n \ (n = 0, 1, 2, \cdots) \quad \cdots\cdots (*)$$
なる**実収束級数** $M = \displaystyle\sum_{n=0}^{\infty} M_n$ が存在すれば,$\displaystyle\sum_{n=0}^{\infty} z_n$ は絶対収束する.

このとき,$\displaystyle\sum_{n=0}^{\infty} M_n$ を $\displaystyle\sum_{n=0}^{\infty} z_n$ の**優級数**という.

(3) $\displaystyle\sum_{n=0}^{\infty} |z_n|$:収束 $\Longrightarrow \displaystyle\sum_{n=0}^{\infty} z_n$:収束 　(絶対収束 $\Longrightarrow$ 収束)

---

1) 初項は z_0 で z_1 もでもよい.

先生 さあ，どうかな．

貞人 (1) $z_n = S_n - S_{n-1} \longrightarrow S - S = 0 \quad (n \to \infty)$

ですから，$\Longrightarrow$ は成立します．$\Longleftarrow$ は成立しません．反例は，たとえば，
$$z_n = \frac{1}{\sqrt{n}} \quad (n = 1, 2, 3, \cdots)$$
でいいと思います：
$$S_n = \frac{1}{\sqrt{1}} + \frac{1}{\sqrt{2}} + \cdots + \frac{1}{\sqrt{n}} > \frac{1}{\sqrt{n}} + \frac{1}{\sqrt{n}} + \cdots + \frac{1}{\sqrt{n}} = \sqrt{n}$$

先生 (2) $T_n = |z_0| + |z_1| + \cdots + |z_n| \leqq M_0 + M_1 + \cdots + M_n \leqq M$

だから，実数列 $\{T_n\}$ は，上に有界・単調増加の数列だから収束する．これは，**実数の連続性**とよばれ，大切な性質なんだ．だから，もとの級数は絶対収束する．

じつは，上の優級数の条件(∗)は

有限項を除いて，$\quad |z_n| \leqq M_n$

で十分だね．今後，優級数というとき，この条件を採用しましょうよ．

(3) $\Longleftarrow$ は不成立．$z_n = \dfrac{(-1)^n}{n+1}$ が，**有名な反例**だよ．

●ベキ級数

先生 いままで，各項が定数の級数を考えてきましたが，次に各項が複素関数である**関数項級数**を扱います．とくに重要なのは，**ベキ級数**です．

いま，$a, c_0, c_1, c_2, \cdots$ を，複素定数とするとき，
$$\sum_{n=0}^{\infty} c_n(z-a)^n = c_0 + c_1(z-a) + c_2(z-a)^2 + \cdots\cdots$$

の形の級数を，**a を中心とするベキ級数**または**整級数**といいます．

この級数は，z の値によって収束したり，発散したりしますが，このことについて，次が成立します：

● 級数 $\sum_{n=0}^{\infty} c_n(z-a)^n$ が，$z = z_0$ で収束すれば，$|z-a| < |z_0-a|$ を満たす

すべての z に対しても収束する．

証明 $\sum_{n=0}^{\infty} c_n(z-a)^n$ が収束するから，
$$\lim_{n\to\infty} c_n(z-a)^n = 0$$
したがって，ある番号以後の項は，
$$|c_n(z-a)^n| < M$$

このとき，$|z-a| < |z_0-a|$ となる各 z に対して，
$$|c_n(z-a)^n| = |c_n(z_0-a)^n|\left|\frac{z-a}{z_0-a}\right|^n < M\left|\frac{z-a}{z_0-a}\right|^n$$

ところで，$\left|\dfrac{z-a}{z_0-a}\right| < 1$ だから，実等比級数 $\sum_{n=0}^{\infty} M\left|\dfrac{z-a}{z_0-a}\right|^n$ は収束するので，優級数定理によって，$\sum_{n=0}^{\infty} |c_n(z-a)^n|$ は収束し，$\sum_{n=0}^{\infty} c_n(z-a)^n$ も収束する．

というわけ．そこで，次の定義をおく：

■ポイント —————————————————— **収束半径**

点 a を中心とするベキ級数が，
$\qquad |z-a| < R$ なる z に対して収束し，
$\qquad |z-a| > R$ なる z に対して発散する

ような R（ただし，$0 \leq R \leq +\infty$）を，このベキ級数の **収束半径** という．

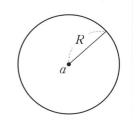

先生 また，円 $|z-a| = R$ を，ベキ級数の **収束円** というのだ．なお，
$$R = 0 \iff \text{点 } 0 \text{ だけで収束} \qquad R = +\infty \iff \text{全平面で収束}$$
と解釈しよう．z が収束円 $|z-a| = R$ 上の点の場合は，ケース・バイ・ケースで，一般には，何ともいえない．

この収束半径は，次の公式によって求められるよ：

Lesson 15. テイラー展開

●ポイント ─────────────────── 収束半径決定定理

次の R は，ベキ級数 $\displaystyle\sum_{n=0}^{\infty} c_n(z-a)^n$ の収束半径である．

(1) $\displaystyle\lim_{n\to\infty}\sqrt[n]{|c_n|}=\frac{1}{R}$ 　　（ コーシー・アマダールの公式 ）

(2) $\displaystyle\lim_{n\to\infty}\left|\frac{c_{n+1}}{c_n}\right|=\frac{1}{R}$ 　　（ ダランベール[2] の公式 ）

先生　この公式で，$\dfrac{1}{0}=+\infty,\ \dfrac{1}{+\infty}=0$ と考えることにしよう．

証明は，(1)の証明だけを記そう．(2)も同様だから．

$$\lim_{n\to\infty}\sqrt[n]{|c_n(z-a)|^n}=\lim_{n\to\infty}\sqrt[n]{|c_n|}\,|z-a|=\frac{|z-a|}{R}$$

（ⅰ）$|z-a|<R$ すなわち，$\dfrac{|z-a|}{R}<1$ のとき：

$\dfrac{|z-a|}{R}<M<1$ なる定数 M をとると，

ある番号から先のすべての n に対して，

$\sqrt[n]{|c_n(z-a)^n|}<M<1$

∴ $|c_n(z-a)^n|<M^n$

となるので，$\displaystyle\sum_{n=0}^{\infty} M^n$ は優級数である．

（ⅱ）$|z-a|>R$ すなわち，$\dfrac{|z-a|}{R}>1$ のとき：

$1<M<\dfrac{|z-a|}{R}$ なる定数 M をとると，

ある番号から先のすべての n に対して，

$1<M<\sqrt[n]{|c_n(z-a)^n|}$

∴ $M^n<|c_n(z-a)^n|$

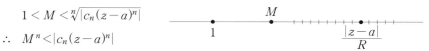

2）d'Alembert

このとき，
$$M^n \to +\infty, \quad |c_n(z-a)^n| \longrightarrow +\infty \quad (n \to \infty)$$
となるので，ベキ級数は発散する．

先生 証明が終わったので，簡単な具体例をやっておこう．

[例] 次のベキ級数の収束半径 R を求めよ．
(1) $\displaystyle\sum_{n=1}^{\infty}\left(1+\frac{1}{n}\right)^{n^2}z^n$ 　　(2) $\displaystyle\sum_{n=0}^{\infty}\frac{2^n}{n+1}z^n$

圭子 やってみます．

(1) $\displaystyle\lim_{n\to\infty}\sqrt[n]{\left(1+\frac{1}{n}\right)^{n^2}}=\lim_{n\to\infty}\left(1+\frac{1}{n}\right)^n=e \quad \therefore \quad R=\frac{1}{e}$

(2) $\displaystyle\lim_{n\to\infty}\frac{2^{n+1}}{n+2}\cdot\frac{1}{\frac{2^n}{n+1}}=\lim_{n\to\infty}\frac{2(n+1)}{n+2}=2 \quad \therefore \quad R=\frac{1}{2}$

●等比級数

貞人 等比級数ですか．高校でよくやったアレですか．

●ポイント　　　　　　　　　　　　　　　　　　　　　　　等比級数

$$\sum_{n=0}^{\infty}z^n = 1+z+z^2+z^3+\cdots = \frac{1}{1-z} \quad (|z|<1)$$

先生 そう．これが，今後大活躍するんだ．$R=1$ は明らかだな．$|z|<1$ のとき，$z^n \to 0 \; (n\to\infty)$ だから，
$$S_n = 1+z+z^2+\cdots+z^n = \frac{1-z^{n+1}}{1-z} \longrightarrow \frac{1}{1-z} \quad (n\to\infty)$$

●項別微分・項別積分

先生　ベキ級数について，次の性質が知られています：

●ポイント ─────────────── ベキ級数の項別微分・項別積分 ─

ベキ級数
$$f(z) = \sum_{n=0}^{\infty} c_n(z-a)^n$$
について，次のことが成立する．
(1) $f(z)$ は，**収束円内で正則**である．
(2) $f(z)$ は，**項別微分可能**である：
$$\frac{d}{dz}\sum_{n=0}^{\infty} c_n(z-a)^n = \sum_{n=0}^{\infty} \frac{d}{dz} c_n(z-a)^n$$
(3) $f(z)$ は，**項別積分可能**である：
$$\int_C \sum_{n=0}^{\infty} c_n(z-a)^n dz = \sum_{n=0}^{\infty} \int_C c_n(z-a)^n dz$$
ただし，C は収束円内の任意の区分的に滑らかな曲線とする．

先生　この定理の証明には"一様収束"などの多少の準備が必要なので，**証明は省略**し，具体例を示すことにしよう．たとえば，
$$\frac{1}{1-z} = 1 + z + z^2 + \cdots + z^n + \cdots\cdots$$
の両辺を z で微分すると，
$$\frac{1}{(1-z)^2} = 1 + 2z + 3z^2 + \cdots + nz^{n-1} + \cdots\cdots$$
この式の両辺に z を掛けると，
$$\frac{z}{(1-z)^2} = z + 2z^2 + 3z^3 + \cdots + (n+1)z^{n+1} + \cdots\cdots$$
この式の両辺を z で微分すると，
$$\frac{1+z}{(1-z)^3} = 1 + 2^2 z + 3^2 z^2 + \cdots + (n+1)^2 z^n + \cdots\cdots$$

が得られる．

圭子 この方法で，いろいろな級数の和が求められそうですね．

●テイラー展開

先生 さあ，いよいよテイラー展開だ．

●ポイント ─────────────────── テイラー[3]の定理 ─

$f(z)$ は領域 D で正則で，D 内の点 a について，円 $C:|z-a|=R$ も D 内に含まれるとする．このとき，$f(z)$ は円 C の内部で，次のようにベキ級数に展開される：

$$f(z)=f(a)+\frac{f'(a)}{1!}(z-a)+\frac{f''(a)}{2!}(z-a)^2+\cdots\cdots$$

これを，$f(z)$ の**点 a を中心とするテイラー展開**という．

先生 これが，実関数のテイラー展開の複素関数への拡張だよ．

貞人 あの．ナントカの剰余項 R_n っていうのは，ないんですか？

先生 そうだったな．複素解析では，ふつう，剰余項は考えないね．では，上の定理の証明だ．

いま，z_0 を円 C 内の**任意**の点とするよ．

$$\begin{aligned}\frac{f(z)}{z-z_0}&=\frac{f(z)}{(z-a)-(z_0-a)}\\&=\frac{f(z)}{z-a}\cdot\frac{1}{1-\dfrac{z_0-a}{z-a}}\\&=\frac{f(z)}{z-a}\sum_{n=0}^{\infty}\left(\frac{z_0-a}{z-a}\right)^n\end{aligned}$$

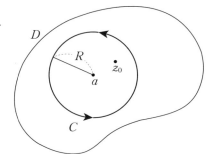

---
3) Taylar.B (1685-1731)

コーシーの積分公式により，

$$f(z_0) = \frac{1}{2\pi i} \int_C \frac{f(z)}{z-z_0} dz$$

$$= \frac{1}{2\pi i} \int_C \sum_{n=0}^{\infty} \frac{f(z)}{z-a} \left(\frac{z_0-a}{z-a}\right)^n dz$$

$$= \frac{1}{2\pi i} \sum_{n=0}^{\infty} \int_C \frac{f(z)}{z-a} \left(\frac{z_0-a}{z-a}\right)^n dz \quad (\text{項別積分})$$

$$= \sum_{n=0}^{\infty} \frac{1}{2\pi i} \int_C \frac{f(z)}{(z-a)^{n+1}} dz \cdot (z_0-a)^n$$

$$= \sum_{n=0}^{\infty} \frac{f^{(n)}(a)}{n!} (z_0-a)^n \quad (\text{積分公式})$$

この z_0 は C 内の任意の点だから，これで証明完了というわけ．

なお，このテイラー展開は**一意的**です．一意的というのは，

$$f(z) = \sum_{n=0}^{\infty} b_n(z-a)^n = \sum_{n=0}^{\infty} c_n(z-a)^n$$

ならば，

$$b_0 = c_0, \ b_1 = c_1, \ \cdots, \ b_n = c_n, \ \cdots\cdots$$

ということです．これは，

$$b_0 + b_1(z-a) + b_2(z-a)^2 + \cdots = c_0 + c_1(z-a) + b_2(z-a)^2 + \cdots$$

の両辺を z で次々と微分して得られる等式で，$z=a$ とおけば出てくるよ．

なお，点 0 を中心とするテーラー展開を"マクローリン[4]"展開とよぶのも，その証明も，実関数の場合と同じだ．頻出形を列挙しておこう．

---

4) Maclaurin

●ポイント　　　　　　　　　　　　　　　　　　　　マクローリン展開

(1) $e^z = 1 + \dfrac{1}{1!}z + \dfrac{1}{2!}z^2 + \dfrac{1}{3!}z^3 + \cdots\cdots$　　　$(|z|<+\infty)$

(2) $\cos z = 1 - \dfrac{1}{2!}z^2 + \dfrac{1}{4!}z^4 - \dfrac{1}{6!}z^6 + \cdots\cdots$　　　$(|z|<+\infty)$

(3) $\sin z = z - \dfrac{1}{3!}z^3 + \dfrac{1}{5!}z^5 - \dfrac{1}{7!}z^7 + \cdots\cdots$　　　$(|z|<+\infty)$

(4) $\dfrac{1}{1-z} = 1 + z + z^2 + z^3 + \cdots\cdots$　　　$(|z|<1)$

(5) $\mathrm{Log}(1+z) = z - \dfrac{1}{2}z^2 + \dfrac{1}{3}z^3 - \dfrac{1}{4}z^4 + \cdots\cdots$　　　$(|z|<1)$

先生　証明も実関数と同様なのだけれど，一応，キチンと証明をかいてみてくれないか．おそくなったので，今回は，これまでにしましょう．

貞人・圭子　先生，本日は，ありがとうございました．

▮▮▮▮▮ 演習問題 ▮▮▮▮▮

15.1　次のベキ級数の収束半径 R を求めよ．

(1) $\displaystyle\sum_{n=1}^{\infty} \dfrac{n!}{n^n} z^n$　　(2) $\displaystyle\sum_{n=1}^{\infty} \dfrac{1}{n^{2n}} z^n$

15.2　等比級数 $\displaystyle\sum_{n=0}^{\infty} z^n = \dfrac{1}{1-z}$　$(|z|<1)$

を用いて，次のベキ級の和を求めよ：

$\displaystyle\sum_{n=0}^{\infty} n^2 z^n$　$(|z|<1)$

15.3　$e^z = 1 + \dfrac{z}{1!} + \dfrac{z^2}{2!} + \dfrac{z^3}{3!} + \cdots$　$(|z|<+\infty)$

を用いて，$\cosh z$ のマクローリン展開を求めよ．

Lesson 16 ローラン展開

●●●●● 特異点こそ関数解析のカギ ●●●

圭子 先生，こんにちは．
貞人 よろしく，お願いいたします．
先生 やあ，よく来たね．まあ，掛けたまえ．

●正則関数の素顔

先生 えー，今回は，前回のテイラー展開に引き続き，ローラン展開ですが，ローランに入る前に，テイラーについて，その意味を確認しておきましょう．で"テイラーの定理"っていうのは？

貞人 $f(z)$ は，正則な領域内の点 a の近くで，ベキ級数に展開できる：

$$f(z) = f(a) + \frac{f'(a)}{1!}(z-a) + \frac{f''(a)}{2!}(z-a)^2 + \cdots\cdots$$

というものでした．

先生 そうだったね．ベキ級数は，加・減・乗，さらに，微分したり，積分することもできて，**多項式感覚**で扱うことができるものだ．
複素関数の正則性（微分可能性）を学んだとき，それが，じつは，**次数無限大の多項式**のことだとは，いったい，だれが想像しただろう．

圭子 $\Delta z \to 0$ が，実数の場合より，はるかに，いろいろな近づき方があるので"正則＝超滑らか"ぐらいしか考えられませんでした．

貞人 正則関数 $f(z)$ の特徴づけとして，コーシー・リーマンの方程式と等角性，そして，式の形から，$f(z)$ には，$z = x + iy$ が，この z のままで現われる，ことを学びました．が…．

先生 それが,テイラーの定理によって,正則関数の**具体的な姿**が,われわれの前に明らかにされたのだ.

圭子 これは,じつに,驚くべきことですね.

先生 そう.確かに驚嘆に価するべきことだけれども,何事にも百点満点はないもの.ベキ級数は,スッキリ爽やか,気持ちがいいのだが,それは,**収束円内でしか意味を持たない**のだ.たとえば,

$$\frac{1}{1-z} = 1 + z^2 + z^3 + \cdots + z^n + \cdots \quad (|z| < 1)$$

で,$\frac{1}{1-z}$ は,点 1 以外では正則であるが,右辺のベキ級数は,$|z|<1$ という円内でしか意味を持たない.この欠点を補うのが,ワイエルシュトラスの発案による**解析接続**なのだ.

●ローラン展開

先生 テイラー展開の中心 a は,関数 $f(z)$ の正則点だった.今度は,**必ずしも正則点でない点**を中心とする展開を考えよう.

— **●ポイント** ———————————————— **ローランの定理** —

円環領域 $D: R_1 < |z-a| < R_2$(ただし,$0 \leq R_1 < R_2 \leq +\infty$)で正則な関数 $f(z)$ は,この領域 D で,次のように級数展開される:

$$f(z) = \sum_{n=-\infty}^{+\infty} c_n (z-a)^n$$
$$= \cdots + \frac{c_{-2}}{(z-a)^2} + \frac{c_{-1}}{z-a} + c_0 + c_1(z-a) + c_2(z-a)^2 + \cdots$$

このときの展開係数は,

$$c_n = \frac{1}{2\pi i} \int_C \frac{f(z)}{(z-a)^{n+1}} dz \quad (n = 0, \pm 1, \pm 2, \cdots)$$

ここに,積分路 C は,円環領域 D 内の任意の単一閉曲線である.

この級数を,$f(z)$ の点 a を中心とする**ローラン展開**[1]という.

---

1) Laurent(1813-1854)

先生 この場合，応用上重要なのは，$R_1 = 0$ の場合だけれども，上の一般の形を証明します．

いま，z_0 を D の任意の点とします．C_1, C_2 を，点 a を中心とする同心円，K を中心 z_0 の図のような小円とします．このとき，

$$\frac{f(z)}{z-z_0}$$

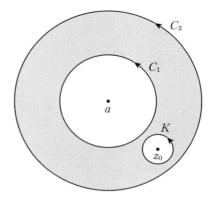

円 K は，D 内にあり，C_1, C_2 と交わらない．

は，C_2 内で，C_1 外で正則ですから，コーシーの積分定理によって，

$$\int_{C_2} \frac{f(z)}{z-z_0} dz = \int_{C_1} \frac{f(z)}{z-z_0} dz + \int_K \frac{f(z)}{z-z_0} dz$$

この両辺を $2\pi i$ で割って，移項すると，

$$\frac{1}{2\pi i} \int_K \frac{f(z)}{z-z_0} dz = \frac{1}{2\pi i} \int_{C_2} \frac{f(z)}{z-z_0} dz - \frac{1}{2\pi i} \int_{C_1} \frac{f(z)}{z-z_0} dz$$

だから，次の (1)〜(3) を証明すればよいわけですね．

(1) $\quad \dfrac{1}{2\pi i} \int_K \dfrac{f(z)}{z-z_0} dz = f(z_0)$

(2) $\quad \dfrac{1}{2\pi i} \int_{C_1} \dfrac{f(z)}{z-z_0} dz = -\sum_{n=-\infty}^{-1} c_n (z_0 - a)^n$

(3) $\quad \dfrac{1}{2\pi i} \int_{C_2} \dfrac{f(z)}{z-z_0} dz = \sum_{n=0}^{\infty} c_n (z_0 - a)^n$

圭子 (1) は，コーシーの積分公式そのものですね．

先生 そうだね．次は，(3) の方がやさしいので，先にやってみよう．

$$\frac{1}{2\pi i}\int_{C_2}\frac{f(z)}{z-z_0}dz$$

$$=\frac{1}{2\pi i}\int_{C_2}\frac{f(z)}{z-a}\frac{1}{1-\dfrac{z_0-a}{z-a}}dz \quad \text{テイラー展開と同様に.}$$

$$=\frac{1}{2\pi i}\int_{C_2}\frac{f(z)}{z-a}\sum_{n=0}^{\infty}\left(\frac{z_0-a}{z-a}\right)^n dz \quad \left|\frac{z_0-a}{z-a}\right|<1$$

ここで，項別積分すると，

$$=\sum_{n=0}^{\infty}\underbrace{\frac{1}{2\pi i}\int_{C_2}\frac{f(z)}{(z-a)^{n+1}}dz}_{c_n}\cdot(z_0-a)^n \quad \int \text{と} \sum \text{を交換}$$

$$=\sum_{n=0}^{\infty}c_n(z_0-a)^n,\quad c_n=\frac{1}{2\pi i}\int_{C_2}\frac{f(z)}{(z-a)^{n+1}}dz$$

で，できたね．次は，(2) だ．

$$\frac{1}{2\pi i}\int_{C_1}\frac{f(z)}{z-z_0}dz$$

$$=-\frac{1}{2\pi i}\int_{C_1}\frac{f(z)}{z_0-a}\frac{1}{1-\dfrac{z-a}{z_0-a}}dz \quad \left|\frac{z-a}{z_0-a}\right|<1$$

$$=-\frac{1}{2\pi i}\int_{C_1}\frac{f(z)}{z_0-a}\sum_{m=0}^{+\infty}\left(\frac{z-a}{z_0-a}\right)^m dz$$

$$=-\sum_{m=0}^{-\infty}\frac{1}{2\pi i}\int_{C_1}\frac{f(z)}{(z-a)^{-m}}dz\cdot\frac{1}{(z_0-a)^{m+1}} \quad \text{項別積分}$$

ここで，$m=-n-1$ とおくと，$\begin{array}{c|c} m & 0 \to +\infty \\ \hline n & -1 \to -\infty \end{array}$ だから，

$$=-\sum_{n=-1}^{-\infty}\frac{1}{2\pi i}\int_{C_1}\frac{f(z)}{(z-a)^{n+1}}dz\cdot(z_0-a)^n$$

$$=-\sum_{n=-1}^{-\infty}c_n(z_0-a)^n,\quad c_n=\frac{1}{2\pi i}\int_{C_1}\frac{f(z)}{(z-a)^{n+1}}dz$$

となるね．円環領域 D で，$\dfrac{f(z)}{(z-a)^n}$ は正則だから，係数 c_n の積分路 C_1, C_2

を C に変更することができて，証明完了ということになる．

なお，**展開の一意性**は，$f(z)$ のローラン展開を，

$$f(z) = \sum_{n=-\infty}^{+\infty} b_n(z-a)^n = \sum_{n=-\infty}^{+\infty} c_n(z-a)^n$$

として，この両辺を各 $(z-a)^{m+1}$ で割った式を，D 内の円 $|z-a|=r$ に沿って項別積分すれば，あっけなく，$b_m = c_m$ が得られる．ぜひ，具体的に書いて，確認して下さい．

貞人・圭子 はい．やってみます．

先生 この $f(z)$ のローラン展開で，負ベキ項の部分を，ローラン展開の**主要部**といい，定数項＋正ベキ項 の部分を，**正則部**といいます：

$$f(z) = \underbrace{\cdots + \frac{c_{-2}}{(z-a)^2} + \frac{c_{-1}}{z-a}}_{\text{主要部}} + \underbrace{c_0 + c_1(z-a) + c_2(z-a)^2 + \cdots}_{\text{正則部}}$$

それでは，ローラン展開の具体例をやっていただこう．

展開係数を，上の公式から直接計算するのは，不可能に近い．展開は一意的だから，式変形やテイラー展開の利用などの工夫が必要だな．

［例］ $f(z) = \dfrac{1}{z^2 - 3z + 2}$ を，次の円環領域でローラン展開せよ．

(1) $1 < |z| < 2$ (2) $|z| > 2$

圭子 **等比級数**が使えそうですね．

$$f(z) = \frac{1}{z^2 - 3z + 2} = \frac{1}{z-2} - \frac{1}{z-1}$$

(1) $1 < |z| < 2$： のとき：$\left|\dfrac{z}{2}\right| < 1,\ \left|\dfrac{1}{z}\right| < 1$

$$f(z) = -\frac{1}{2\left(1-\frac{z}{2}\right)} - \frac{1}{z\left(1-\frac{1}{z}\right)}$$

$$= -\frac{1}{2}\left(1 + \frac{z}{2} + \frac{z^2}{2^2} + \frac{z^3}{2^3} + \cdots\right) - \frac{1}{z}\left(1 + \frac{1}{z} + \frac{1}{z^2} + \frac{1}{z^3} + \cdots\right)$$

$$= \cdots - \frac{1}{z^3} - \frac{1}{z^2} - \frac{1}{z} - \frac{1}{2} - \frac{z}{2^2} - \frac{z^3}{2^3} - \cdots$$

(2) $|z| > 2$: のとき：$\left|\frac{2}{z}\right| < 1,\ \left|\frac{1}{z}\right| < 1$

$$f(z) = \frac{1}{z\left(1-\frac{2}{z}\right)} - \frac{1}{z\left(1-\frac{1}{z}\right)}$$

$$= \frac{1}{z}\left(1 + \frac{2}{z} + \frac{2^2}{z^2} + \frac{2^3}{z^3} + \cdots\right) - \frac{1}{z}\left(1 + \frac{1}{z} + \frac{1}{z^2} + \frac{1}{z^3} + \cdots\right)$$

$$= \cdots + \frac{2^3 - 1}{z^4} + \frac{2^2 - 1}{z^3} + \frac{2 - 1}{z^2} \qquad \text{負ベキ項だけ}$$

●特異点

先生 関数 $f(z)$ が点 a で正則でないとき，点 a を $f(z)$ の**特異点**といいます．$f(z)$ の特異点は，次のように大別されます：

a は**孤立特異点** $\iff$ a の**ある**近傍内の特異点は a だけである

a は**集積特異点** $\iff$ a の**どんな**近傍内にも別の特異点が**在る**

たとえば，関数

$$f(z) = \frac{1}{\sin\frac{\pi}{z}}$$

では，点 $0, \pm 1, \pm\frac{1}{2}, \pm\frac{1}{3}, \cdots$ は，すべて $f(z)$ の特異点．これら以外に特異点をもたないので，点 0 だけが $f(z)$ の集積特異点，他の点は，すべて，孤立特異点だね．

ところで，一般に，孤立特異点は，次のように分類されます：

Lesson 16. ローラン展開

■ポイント ─────────────────── **孤立特異点の分類** ───

関数 $f(z)$ の孤立特異点 a を中心とするローラン展開

$$f(z) = \sum_{n=1}^{+\infty} \frac{b_n}{(z-a)^n} + \sum_{n=0}^{+\infty} c_n(z-a)^n \quad (0 < |z-a| < R)$$

の主要部の係数 $b_1, b_2, \cdots$ のうち, 0 でないものの個数に着目する.

(1) $b_1 = b_2 = \cdots = b_n = \cdots = 0$ [2] のとき:

　$f(a) = c_0$ と定義すれば, $f(z)$ は点 a で正則になるので, 点 a を**除去可能特異点**という.

(2) $b_k \neq 0, b_{k+1} = b_{k+2} = \cdots = 0$ [3] のとき:

　点 a を $f(z)$ の **k 位の極**という.

(3) $b_1, b_2, \cdots, b_n, \cdots$ のうち 0 でないものが無数にある [4] とき:

　点 a を $f(z)$ の**孤立真性特異点**または**真性特異点**という.

先生 これも, 具体例を見ておきましょう.

[例] 点 0 は, 次の関数 $f(z)$ の孤立特異点のどれに分類されるか.

　(1) $\dfrac{\sin z}{z}$ 　　(2) $\dfrac{e^z}{z^3}$ 　　(3) $ze^{\frac{1}{z}}$

貞人 点 0 を中心とするローラン展開を求めるわけですね.

(1)
$$\frac{\sin z}{z} = \frac{1}{z}\left(z - \frac{z^3}{3!} + \frac{z^5}{5!} - \frac{z^7}{7!} + \cdots\right)$$
$$= 1 - \frac{z^2}{3!} + \frac{z^4}{5!} - \frac{z^6}{7!} + \cdots$$

点 0 は, **除去可能特異点**です.

---

2) ローラン展開は正則部だけ
3) 主要部は有限項
4) 主要部は無限級数

(2)
$$\frac{e^z}{z^3} = \frac{1}{z^3}\left(1 + \frac{z}{1!} + \frac{z^2}{2!} + \frac{z^3}{3!} + \frac{z^4}{4!} + \cdots\right)$$
$$= \frac{1}{z^3} + \frac{1}{z^2} + \frac{1}{2!z} + \frac{1}{3!} + \frac{z}{4!} + \cdots$$

点 0 は，**3 位の極**(位数 3 の極) ということになります．

(3)
$$ze^{\frac{1}{z}} = z\left(1 + \frac{1}{z} + \frac{1}{2!\,z^2} + \frac{1}{3!\,z^3} + \cdots\right)$$
$$= z + 1 + \frac{1}{2!\,z} + \frac{1}{3!\,z^2} + \cdots$$

点 0 は，**孤立真性特異点**です．負ベキ項が無数にあるので．

先生 そうだね．ところで，次に，これらの三種の孤立特異点について，もう少し掘り下げてみよう．

特異点というのは，正則性を失う点だから，あまり好ましい点ではないね．ところが，$f(z)$ の特異点の分布とか，特異点での関数の挙動は，その関数の性質を如実に表現しているのだ．主要部をもつローラン展開は，まさに，その関数の赤裸々なプロポーションなのだ．

貞人 CT スキャンでしょう．

圭子 行列の対角化もそうですね．

先生 ハハハハ，そうだね．ところで，a が $f(z)$ の孤立特異点とすると，$f(z)$ は点 a のごく近くでは，a 以外で正則だから，

$$z \to a \text{ のとき，} \quad f(z) \to ?$$

という極限値を考えることができる．このとき，次のことがいえるのだ：

$$\lim_{z \to a} f(z) = \begin{cases} \text{有限確定値}(a：\text{除去可能特異点}) \\ \text{無限遠 } \infty \ \ (a：\overset{\text{ポール}}{\text{極}}) \\ \text{確定しない}(a：\text{真性孤立特異点}) \end{cases}$$

じつは，この極限値が，三種の特異点の**特徴づけ**になっているのだ：

$$\begin{cases} z \to a \text{ のとき，} f(z) \to \text{有限確定値} \iff a：\text{除去可能特異点} \\ z \to a \text{ のとき，} f(z) \to \text{無限遠点} \iff a：\text{極(ポール)} \\ z \to a \text{ のとき，} f(z) \to \text{確定しない} \iff a：\text{真性孤立特異点} \end{cases}$$

この証明は，次回にやることにしよう．一応，考えておいて欲しいな．

貞人・圭子 先生，本日は，ありがとうございました．

|||||||||| **演習問題** ||||||||||||||||||||||||||||||||||||||||||||||||||||||||||||||||||||||||||||||||||||

16.1 を，次の円環領域でローラン展開せよ．
(1) $|z|<1$ (2) $1<|z|<2$ (3) $|z|>2$

16.2 $f(z)=\dfrac{z}{e^z-1}$ の円環領域 $|z|>0$ におけるローラン展開を，z^4 の項まで求めよ．

Lesson 17　極・真性特異点

●●●●● 極・真性特異点の複雑・異様な挙動に注目 ●●●

圭子　先生，こんにちは．
貞人　よろしく，お願いいたします．
先生　やあ，よく来たね．まあ，掛けたまえ．

●極・孤立真性特異点

先生　えー，今回は，前回の続きです．もちろん，毎回毎回，その前回の続きなんだけどね．孤立特異点だったね．三種に分類したのだが．
貞人　ローラン展開の主要部の長さに着目でした．
$f(z)$ の孤立特異点 a を中心とするローラン展開の**主要部**を，

$$\sum_{n=1}^{\infty} \frac{b_n}{(z-a)^n} = \frac{b_1}{z-a} + \frac{b_2}{(z-a)^2} + \frac{b_3}{(z-a)^3} + \cdots\cdots$$

とするとき，

a：除去可能特異点 $\iff b_1 = b_2 = \cdots = b_n = \cdots = 0$

a：位数 k の極　　　$\iff b_k \neq 0,\ b_{k+1} = b_{k+2} = \cdots = 0$

a：孤立真性特異点　$\iff b_n \neq 0$ なる係数が無数に多くある．

と定義したのでした．
先生　そうだったね．
圭子　これ，難しさでいえば，

$$実数 \begin{cases} 整数 \\ 有限小数 \\ 無限小数 \end{cases}$$

というのと似てますね．無限小数にも，循環小数と無理数とありますけど．

先生 なるほど，面白いことに気がついたね．ところで，前回，

$$\lim_{z \to a} f(z) = \begin{cases} 有限確定値 & (a：除去可能特異点) \\ 無限遠点 & (a：極(pole)) \\ 不確定 & (a：孤立真性特異点) \end{cases}$$

なのだ，と言っておいたね．ハッキリ言えば，三種の孤立特異点は，

$$\begin{cases} 有限確定 \iff 除去可能特異点 \\ 無限遠点 \iff 極 \\ 不確定 \iff 孤立真性特異点 \end{cases}$$

のように，極限値によって**特徴づけ**ができるのだ．以下，その証明だよ．

貞人 a が除去可能特異点，すなわち，ローラン展開が正則部だけの場合 $z \to a$ のとき，$f(z) \to c_0$ (有限確定値)は，自明ですね．c_0 は正則部の初項です．

先生 そう．その逆に相当する次の有名な定理を紹介しよう：

●ポイント ――――――――――――――― リーマンの除去可能定理 ―

関数 $f(z)$ が，円環領域 $0<|z-a|<R$ で，正則かつ有界ならば，点 a は，$f(z)$ の除去可能特異点である．

先生 $f(z)$ の $0<|z-a|<R$ におけるローラン展開を，

$$f(z) = \sum_{n=1}^{+\infty} \frac{b_n}{(z-a)^n} + \sum_{n=0}^{+\infty} c_n(z-a)^n$$

としましょう．この負ベキ項の係数は，

$$b_n = \frac{1}{2\pi i} \int_{|z-a|<r} f(z)(z-a)^{n-1} dz \quad (n=1,2,\cdots)$$

だね．r は $0<r<R$ を満たせば，何でもいいんだな．

さて，$f(z)$ の有界性から，次のような定数 M が存在します：

$$|z-a| = r \implies 0<|z-a|<R \implies |f(z)|<M$$

どうでしょう．こうなれば，**積分評価式**を使って，一気に，

$$|b_n| = \frac{1}{2\pi}\left|\int_{|z-a|=r} f(z)(z-a)^{n-1}dz\right| \leq \frac{1}{2\pi} M r^{n-1} \cdot 2\pi r = Mr^n$$

この不等式が，任意の $r > 0$ について成立することから，

$$b_n = 0 \quad (n = 1, 2, 3, \cdots)$$

が得られて，証明が終わる．そう難しくはないだろう．

貞人・圭子 （うなづく）

先生 次は，極だが，点 a が $f(z)$ の k 位の極なら，ローラン展開は，

$$f(z) = \frac{b_k}{(z-a)^k} + \frac{b_{k-1}}{(z-a)^{k-1}} + \cdots + \frac{b_1}{z-a} + c_0 + c_1(z-a) + \cdots\cdots$$

となっているね．もちろん，$b_k \neq 0$ だが．$z \to a$ のとき，$f(z) \to \infty$ は自明だな．$|f(z)| \to +\infty$ と言っても同じことだけど．

圭子 極っていうのは，リーマン球面の ∞ 北極をイメージしてるのかな？

先生 そうなんだ．

次は，孤立真性特異点，次の大切な定理が挙げられる：

●**ポイント** ――――――――――――――― **ワイエルシュトラスの定理** ―

点 a が $f(z)$ の孤立真性特異点ならば，点 a の近くで $f(z)$ は**任意の値**に近づくことができる．

先生 証明の前に，定理の意味を説明しよう．先ほど，a が孤立真性特異点のとき，$\lim_{z \to a} f(z) =$ 不確定 と言ったが，その意味をくわしく言えば，どんな c が与えられても，次のような数列 $\{z_n\}$ が存在するということだ：

$$\lim_{n \to \infty} z_n = a, \quad \lim_{n \to \infty} f(z_n) = c$$

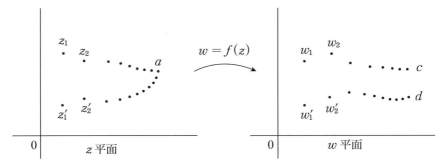

　$z \to a$ という**近づき方しだいで**, $f(z)$ は**どんな値にも近づく**, というのが, この定理の言わんとすることなのです. 孤立真性特異点の近くでは, 関数は, じつに**複雑・異様な挙動**を示すので, ワイエルシュトラスは, 真性特異点とよんだのだろう. それでは, この定理を証明します.

　貞人　そう言われても, イメージが湧きません. 何か具体例を挙げて下さい.

　先生　そうだね. では, こんな例では, どうかな. 点0は, 関数

$$f(z) = e^{\frac{1}{z}} = 1 + \frac{1}{z} + \frac{1}{2!\, z^2} + \frac{1}{3!\, z^3} + \cdots\cdots$$

の孤立真性特異点になっているよね.

　いま, c を**任意の複素数**としよう.

　（ⅰ）$c = 0$ ならば,

$z_n = -\dfrac{1}{n}$ とおけば, $z_n \to 0\ (n \to \infty)$　実軸負の部分から0へ近づく. このとき,

$$w_n = f(z_n) = e^{-n} = \frac{1}{e^n}, \quad w_1, w_2, \cdots, w_n, \cdots \to 0 = c$$

　（ⅱ）$c \neq 0$ ならば,

$$c = r(\cos\theta + i\sin\theta),\ r \neq 0$$

とおけば,

$$e^{\frac{1}{z}} = c \ \text{より}, \ \frac{1}{z} = \log c = \log_e r + i(\theta + 2n\pi)$$

　そこで,

Lesson 17. 極・真性特異点

$$z_n = \frac{1}{\log r + i(\theta + 2n\pi)} \quad (n = 1, 2, 3, \cdots)$$
$$w_n = f(z_n) = c \quad (各項すべて c)$$

とおけば,

$$z_1, z_2, \cdots, z_n, \cdots \to 0 \quad であって, \quad w_1, w_2, \cdots, w_m, \cdots \to c$$

ということなんだが, どうかな. (貞人・圭子 うなづく)

それでは, いよいよ, **ワイエルシュトラスの定理の証明**に入ろう.

いま, z がどんな近づき方で a に近づいても, $f(z)$ は c に近づかない, と仮定しよう. 次のような, $r_0 > 0$, $\varepsilon_0 > 0$ があると仮定する:

$$0 < |z-a| < r_0 \quad のとき \quad |f(z)-c| \geqq \varepsilon_0$$

このとき,

$$g(z) = \frac{1}{f(z) - c}$$

とおけば, $g(z)$ は, $0 < |z-a| < r_0$ で正則で,

$$|g(z)| = \frac{1}{|f(z)-c|} \leqq \frac{1}{\varepsilon_0} \quad 有界!$$

だから, リーマンの定理によって, a は $g(z)$ の除去可能特異点.

$$g(z) = c_k(z-a)^k + c_{k+1}(z-a)^{k+1} + \cdots\cdots$$
$$= (z-a)^k \{c_k + c_{k+1}(z-a) + \cdots\cdots\} \quad (c_k \neq 0)$$

この $\{\ \}$ の中身は正則, $c_k \neq 0$ だから, $\dfrac{1}{\{\ \}}$ も正則. そこで,

$$\frac{1}{\{\ \}} = \frac{1}{c_k + c_{k+1}(z-a) + \cdots\cdots} = b_0 + b_1(z-a) + b_2(z-a)^2 + \cdots\cdots$$

とおけば, $f(z)$ は,

$$f(z) = c + \frac{1}{g(z)} = c + \frac{b_0 + b_1(z-a) + b_2(z-a)^2 + \cdots\cdots}{(z-a)^k}$$

とかけるね. この式を見て下さい. 点 a は, $k = 0$ ならば, $f(z)$ の除去可能特異点, $k > 0$ ならば, k 位の極ということが分かる. a が孤立真性特異点にはならないね. これで, ワイエルシュトラスの定理は証明されました.

以上で, 三種の孤立特異点の特徴づけの証明も完了したわけです.

圭子 えっ. 先生. 先ほどの, $z \to a$ のときの極限値についての

$$\begin{cases} \text{有限確定} \iff \text{除去可能特異点} \\ \text{無限遠点} \iff \text{極} \\ \text{不確定} \iff \text{孤立真性特異点} \end{cases}$$

の三本の $\Longleftarrow$ の証明は終りましたが，$\Longrightarrow$ の証明は不要なんですか？

先生 やあ，いい質問だね．ここは大切なところだな．$\iff$ の右側は，孤立特異点の分類で，孤立特異点は，**必ず，この排反的な三種に分類される**．$\iff$ の左側の極限値も，そうなっている．このとき，三本の $\Longleftarrow$ を証明すれば，$\Longrightarrow$ が成立することは必然なんだ．そうだね．こういう証明法を**転換法**といい，初等幾何でも，よく使われる証明法だよ．もちろん，直接 $\Longrightarrow$ の証明を考えてみるのも勉強になるよ．

●一致の定理

先生 "一致の定理"っていうのは，領域 D で正則な二つの関数 $f(z), g(z)$ が，領域 D の"ごく一部分"で一致すれば，$f(z)$ と $g(z)$ とは，領域 D 全体で一致する，という定理です．

領域 D の"ごく一部分"というのは，図の E のように，D 内の小領域か，小曲線，または，一点に収束する点列，のような無限点集合です．

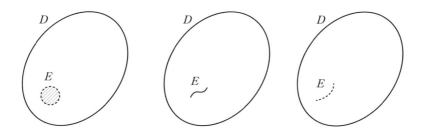

ここで，大切なのは，領域 D で $f(z), g(z)$ が**正則**だということです．またまた，正則関数の運命論的性格を象徴するような定理の登場です．ここでは，この定理を，次の形で記述することにしましょう：

Lesson 17. 極・真性特異点

●ポイント ──────────────── **一致の定理** ──

$f(z), g(z)$ は，領域 D で正則とする．$f(z), g(z)$ が，D 内の二点 α, β を結ぶ滑らかな曲線 K 上で一致すれば，領域 D 全体で $f(z)$ と $g(z)$ は一致する．

先生 証明方法は，一通りではないが，次の方法は，どうかな．分かりやすいと思うけど．いま，曲線 K を，
$$K : z = z(t) \quad (a \leqq t \leqq b)$$
としようか．この曲線 K 上で，$f(z), g(z)$ が一致することから，
$$f(z(t)) = g(z(t)) \qquad \cdots\cdots ①$$
この両辺を t で微分すると，合成関数の微分法により，
$$f'(z(t))z'(t) = g'(z(t))z'(t)$$
$$\therefore \quad f'(z(t)) = g'(z(t)) \qquad \cdots\cdots ②$$

貞人 曲線 K が滑らか，なので，$z(t)$ は微分可能の上に $z'(t) \neq 0$ なのですね．

先生 いかにも．①から②を導いたのと同様に，②から，
$$f''(z(t)) = g''(z(t))$$
が得られ，これをくり返して，次が得られるね：
$$f^{(n)}(z(t)) = g^{(n)}(z(t)) \quad (n = 0, 1, 2, \cdots)$$
この式で，とくに，$t = a$ とおけば，
$$f^{(n)}(z(a)) = g^{(n)}(z(a))$$
$$\therefore \quad f^{(n)}(\alpha) = g^{(n)}(\alpha) \quad (n = 0, 1, 2, \cdots)$$
さて，次のステップだ．

領域 D 内に，中心 α の円 C をかけば，できるだけ大きな円がいいのだが，この円内で，$f(z), g(z)$ は，次のように，テイラー展開される：

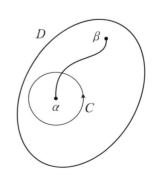

$$f(z) = f(\alpha) + \frac{f'(\alpha)}{1!}(z-\alpha) + \frac{f''(\alpha)}{2!}(z-\alpha)^2 + \cdots\cdots$$

$$g(z) = g(\alpha) + \frac{g'(\alpha)}{1!}(z-\alpha) + \frac{g''(\alpha)}{2!}(z-\alpha)^2 + \cdots\cdots$$

ここで，$f^{(n)}(\alpha) = g^{(n)}(\alpha)$ を用いれば，円 C 内で，つねに，

$$f(z) = g(z)$$

が成立することが分かるよね．

さあ，いよいよ，ラストステージだ．

いま，z を領域 D の**任意の点**としよう．

点 α と点 z を D 内の滑らかな曲線 L で結ぼう．

領域 D 内に中心 α のなるべく大きな円 C_0 をかけば，円 C_0 内で，つねに，

$$f(z) = g(z)$$

が成立することは，いま証明したばかりだね．

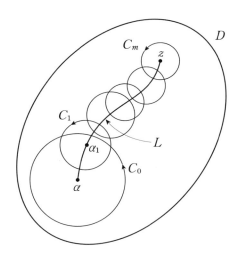

次に，この円 C_0 内で，周 C_0 に近い L 上の点 α_1 をとる．

領域 D 内に，この点 α_1 を中心とするできるだけ大きな円 C_1 をかけば，以上と同様の理由によって，この円 C_1 内で，つねに，

$$f(z) = g(z)$$

が成立する．これを，くり返せば，有限回の作業で，目標の点 z を含む円 C_m が得られるだろう．この円 C_m 内で，$f(z) = g(z)$ が成立し，z は D 内の任意の点だった．これで，証明できたわけだな．

圭子 領域 D が，全複素平面のとき，"その一部分" が，たとえ，1mm の何万分の一の線分であっても，そこで，$f(z) = g(z)$ であるならば，広大な宇宙全体でも，$f(z) = g(z)$．これが，正則関数というものなのですね．

先生 そうなんだよ．また，たとえば，
$$f(z) = \cos^2 z + \sin^2 z, \quad g(z) = 1$$
は，いずれも，全複素平面で正則だね．そして，実軸上で，
$$f(x) = g(x) \quad \text{すなわち} \quad \cos^2 x + \sin^2 x = 1$$
が成立することから，全複素平面で，$\cos^2 z + \sin^2 z = 1$ が成立すると結論していいんですよ——これが，一致の定理なんだな．本日は，ここまでにしよう．

貞人・圭子 先生，本日は，ありがとうございました．

演習問題

17.1 点 0 は，次の関数 $f(z)$ の孤立特異点のどれに分類されるか．

(1) $z^3 e^{\frac{1}{z}}$ (2) $\dfrac{\mathrm{Log}(1+z)}{z^2}$

Lesson 18 留数定理

●●●●● カギを握る $\dfrac{1}{z-a}$ の係数 ●●●

圭子 先生，こんにちは．
貞人 よろしく，お願いいたします．
先生 やあ，よく来たね．まあ，掛けたまえ．

● 留 数

先生 えー，今回は"留数定理"です．いま，$f(z)$ を領域 D で定義された関数とします．$f(z)$ は点 a では必ずしも正則ではないけれど，点 a 以外では正則とする．関数 $f(z)$ の点 a を中心とするローラン展開を，

$$f(z) = \sum_{n=-\infty}^{+\infty} c_n (z-a)^n$$

とします．a を囲む D 内の単一閉曲線 C に沿った複素積分は，項別積分によって，

$$\int_C f(z)dz = \int_C \sum_{n=-\infty}^{+\infty} c_n(z-a)^n dz = \sum_{n=-\infty}^{+\infty} \int_C c_n(z-a)^n dz \quad (*)$$

ところで，$(z-a)^n$ の積分は，

$$\int_C (z-a)^n dz = \begin{cases} 0 & (n \neq -1) \\ 2\pi i & (n = -1) \end{cases}$$

だったね．だから，上の $(*)$ は，$n=-1$ 以外の項は，すべて消えて，

$$\int_C f(z)dz = 2\pi i\, c_{-1}$$

となって，$(z-a)^{-1}$ の係数 c_{-1} だけが残るね．

そこで，この c_{-1} を，関数 $f(z)$ の点 a における**留数**（りゅうすう）とよび，

$$\mathrm{Res}[f(z);\,a]$$

などとかきます：

$$\mathrm{Res}[f(z);\,a] = \frac{1}{2\pi i}\int_C f(z)dz$$

また，$f(z)$ が分かっているときは，簡単のため，$\mathrm{Res}[f(z);\,a]$ を単に，$\mathrm{Res}[a]$ と略記することもあるよ．Res は，Residue からきているんだな．

圭子 $f(z)$ が点 a で正則だったら，コーシーの積分定理で，

$$\mathrm{Res}[f(z);\,a] = 0$$

ですよね．留数っていうのは，a が特異点のときだけ意味があるのですね．

先生 いかにも，a が正則点のとき，$\int_C f(z)dz = 0$ は，周知ですが，それなら，a が特異点のときは，

複素積分 $\int_C f(z)dz$ は，どんな値で，どんな意味をもつのか？

という**好奇心**を持ちたいな．特異点は，関数の**正体解明のカギ**だからね．

それでは，いつものように，具体例を見ておこう．

[**例**] 次の関数 $f(z)$ について，留数 $\mathrm{Res}[f(z);0]$ を求めよ．

(1) $z^2 e^{\frac{1}{z}}$ (2) $\dfrac{1}{z-\sin z}$

貞人 $f(z)$ の**ローラン展開の z^{-1} の係数**を求めればよいわけですね．

(1) $\quad z^2 e^{\frac{1}{z}} = z^2\left(1+\dfrac{1}{1!}\dfrac{1}{z}+\dfrac{1}{2!}\dfrac{1}{z^2}+\dfrac{1}{3!}\dfrac{1}{z^3}+\dfrac{1}{4!}\dfrac{1}{z^4}+\cdots\right)$

$\qquad\qquad = z^2+z+\dfrac{1}{2!}+\dfrac{1}{3!}\dfrac{1}{z}+\dfrac{1}{4!}\dfrac{1}{z^2}+\cdots$

これが，$z^2 e^{\frac{1}{z}}$ の点 0 を中心とするローラン展開ですから，

$$\operatorname{Res}[z^2 e^{\frac{1}{z}};0] = \dfrac{1}{3!} \qquad \dfrac{1}{z} \text{ の係数}$$

(2) $\quad \dfrac{1}{z-\sin z} = \dfrac{1}{z-\left(z-\dfrac{1}{3!}z^3+\dfrac{1}{5!}z^5-\cdots\right)} = \dfrac{1}{z^3}\dfrac{1}{\dfrac{1}{3!}-\dfrac{1}{5!}z^2+\cdots}$

この右辺の第 2 因数は点 0 で正則ですね．ですから，

$$\dfrac{1}{\dfrac{1}{3!}-\dfrac{1}{5!}z^2+\cdots} = a_0+a_1 z+a_2 z^2+\cdots$$

とおきますと，

$$\left(\dfrac{1}{3!}-\dfrac{1}{5!}z^2+\cdots\right)(a_0+a_1 z+a_2 z^2+\cdots) = 1$$

$$\therefore \quad \dfrac{a_0}{3!}+\dfrac{a_1}{3!}z+\left(\dfrac{a_2}{3!}-\dfrac{a_0}{5!}\right)z^2+\cdots = 1$$

したがって，

$$\dfrac{a_0}{3!}=1,\ \dfrac{a_1}{3!}=0,\ \dfrac{a_2}{3!}-\dfrac{a_0}{5!}=0,\ \cdots$$

これを解いて，

$$a_0=6,\ a_1=0,\ a_2=\dfrac{3}{10},\ \cdots$$

となりますから，

$$\dfrac{1}{z-\sin z} = \dfrac{1}{z^3}\left(6+\dfrac{3}{10}z^2+\cdots\right) = \dfrac{6}{z^3}+\dfrac{3}{10}\dfrac{1}{z}+\cdots$$

ゆえに，求める留数は，次のようになります：

$$\operatorname{Res}\left[\dfrac{1}{z-\sin z};0\right] = \dfrac{3}{10}$$

先生 なるほど，なるほど，そうだね．

圭子 気持ちのいい解答ですね．

先生 孤立真性特異点における留数は，このように，既知のテイラー展開や未定係数法など，工夫してローラン係数 c_{-1} を求めることになるけれど，極の場合は，次のように**簡単に留数を求める方法**がある．やってみよう．

●ポイント ─────────────────────── 極における留数 ─

点 a が $f(z)$ の位数 k の極ならば，
$$\mathrm{Res}[f(z);a] = \frac{1}{(k-1)!}\lim_{z\to a}\left\{\frac{d^{k-1}}{dz^{k-1}}(z-a)^k f(z)\right\}$$

とくに，位数が 1 ならば，
$$\mathrm{Res}[f(z);a] = \lim_{z\to a}(z-a)f(z)$$

貞人 証明，ぼくにやらせてください．

いま，$f(z)$ の点 a を中心とするローラン展開を，
$$f(z) = \frac{c_{-k}}{(z-a)^k} + \cdots + \frac{c_{-2}}{(z-a)^2} + \frac{c_{-1}}{z-a} + g(z)$$

とします．ただし，$c_{-k}\neq 0$，で $g(z)$ は正則部です：
$$g(z) = c_0 + c_1(z-a) + c_2(z-a)^2 + \cdots$$

このとき，
$$\begin{aligned}h(z) &= (z-a)^k f(z)\\ &= c_{-k} + c_{-k+1}(z-a) + \cdots + c_{-1}(z-a)^{k-1} + (z-a)^k g(z)\end{aligned}$$

とおいて，両辺を z で $k-1$ 回微分します．

前の方の c_{-k}, $c_{-k+1}(z-a)$, …, $c_{-2}(z-a)^{k-2}$ は，すべて消えてしまいますね． $c_{-1}(z-a)^{k-1}$ を $k-1$ 回微分すると，$(k-1)!\,c_{-1}$ で，また，
$$(z-a)^k g(z) = c_0(z-a)^k + c_1(z-a)^{k+1} + \cdots$$

ですから，項別微分して，

Lesson 18. 留数定理

$$\frac{d^{k-1}}{dz^{k-1}}(z-a)^k f(z) = (k-1)!\,c_{-1} + k!\,c_0\,(z-a) + \frac{(k+1)!}{2!}c_1(z-a)^2 + \cdots$$

となります．ですから，$z \to a$ のとき，右辺は $(k-1)!\,c_{-1}$ だけ残り，

$$\lim_{z \to a}\left\{\frac{d^{k-1}}{dz^{k-1}}(z-a)^k f(z)\right\} = (k-1)!\,c_{-1}$$

です．c_{-1} こそ $\text{Res}[f(z);a]$ ですから，これで証明できました！

先生 やあ，お見事．それでは，具体例をやっておこう：

[例] $f(z) = \dfrac{1}{z^2(z-1)^3}$ のとき，$\text{Res}[f(z);1]$ を求めよ．

貞人 やってみます．点 1 は $f(z)$ の位数 3 の極ですから，

圭子 ちょっと待って下さい．なぜ？ $f(z)$ の分母に z^2 があるのが気になるのですが…．

貞人 そう言われれば，…（と少し考えて）$\dfrac{1}{z^2}$ は点 1 で**正則**ですよね．ですから，点 1 の近くで，

$$\frac{1}{z^2} = a_0 + a_1(z-1) + a_2(z-1)^2 + \cdots \quad (a_0 \neq 0)$$

とかけますね．だから，

$$\frac{1}{z^2(z-1)^3} = \frac{a_0}{(z-1)^3} + \frac{a_1}{(z-1)^2} + \frac{a_2}{z-1} + a_3 + \cdots$$

から，点 1 は位数 3 の極だよ．（先生，満足そうに，うなづいている）

そこで，留数は，上の公式によって，

$$\text{Res}[f(z);1] = \frac{1}{2!}\lim_{z \to 1}\left\{\frac{d^2}{dz^2}(z-1)^3 f(z)\right\}$$

$$= \frac{1}{2!}\lim_{z \to 1}\frac{d^2}{dz^2}\left(\frac{1}{z^2}\right)$$

$$= \frac{1}{2}\lim_{z \to 1}\frac{6}{z^4} = 3$$

となります．

● 留数定理

先生 単一閉曲線の特異点が複数のときは，次の定理が成立します：

●ポイント ─────────────────── **留数定理** ─

単一閉曲線 C 内の有限個の点 $a_1, a_2, \cdots, a_n$ を除いて，$f(z)$ は，C 上とその内部で正則ならば，
$$\int_C f(z)dz = 2\pi i\,(\text{Res}[a_1] + \text{Res}[a_2] + \cdots + \text{Res}[a_n])$$

先生 証明は，それほど難しくはないけれど，一応，ぼくがやってみましょう．**コーシーの積分定理**を使うだけです．

各点 $a_1, a_2, \cdots, a_n$ を囲み，互いに交わらない図のような単一閉曲線 $C_1, C_2, \cdots, C_n$ を C 内に描きます．

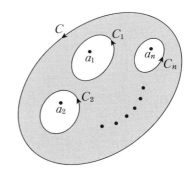

各番号 k について，
$$\int_{C_k} f(z)dz = 2\pi i\,\text{Res}[a_k]$$

そして，$f(z)$ は，C と $C_1, C_2, \cdots, C_n$ で囲まれた領域で正則だね．
コーシーの積分定理によって，

$$\int_C f(z)dz = \int_{C_1} f(z)dz + \int_{C_2} f(z)dz + \cdots + \int_{C_n} f(z)dz$$
$$= 2\pi i(\text{Res}[a_1] + \text{Res}[a_2] + \cdots + \text{Res}[a_n])$$

これだけです．

それでは，いつものように，この具体例を見ておきましょう．

Lesson 18. 留数定理

[例] 留数定理を用いて，次の複素積分の値を求めよ：

$$\int_C \frac{1}{z^2(z^4-1)}dz \quad C:|z-(1+i)|=2$$

貞人 被積分関数の分母は，

$$z^2(z-1)(z+1)(z-i)(z+i)$$

となりますから，特異点は，

$$0,\ 1,\ -1,\ i,\ -i$$

で，このうち，円 C 内にあるのは，

$$0,\ 1,\ i$$

で，それぞれ，位数2，位数1，位数1の極です．

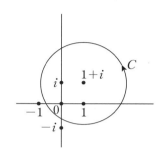

そこで，これら特異点における留数を計算してみます．

$$\begin{aligned}
\mathrm{Res}[0] &= \frac{1}{(2-1)!}\lim_{z\to 0}\left\{\frac{d^{2-1}}{dz^{2-1}}(z-0)^2\frac{1}{z^2(z^4-1)}\right\} \\
&= \lim_{z\to 0}\frac{d}{dz}\left(\frac{1}{z^4-1}\right) \\
&= \lim_{z\to 0}\frac{-4z^3}{(z^4-1)^2} = 0 \\
\mathrm{Res}[1] &= \lim_{z\to 1}(z-1)\frac{1}{z^2(z^4-1)} \\
&= \lim_{z\to 1}\frac{1}{z^2(z+1)(z^2+1)} = \frac{1}{4} \\
\mathrm{Res}[i] &= \lim_{z\to i}(z-i)\frac{1}{z^2(z^4-1)} \\
&= \lim_{z\to i}\frac{1}{z^2(z^2-1)(z+i)} = -\frac{1}{4}i
\end{aligned}$$

となります．したがって，**留数定理**によって，

$$\int_C f(z)dz = 2\pi i \times \textbf{留数和} = 2\pi i\left(0+\frac{1}{4}-\frac{1}{4}i\right) = \frac{1+i}{2}\pi$$

のように，できました！

先生 （お茶を飲みながら，うなづく）そうだね．

圭子 積分の計算をしないで，積分の値を求める——これぞ**魔法の積分法**ですね．

先生 ハハハハ，なるほど．

留数 $\mathrm{Res}[f(z);a]$ は，複素積分 $\int_C f(z)dz$ を $2\pi i$ で割ったものだった．それが，$f(z)$ のローラン展開を積分計算なしに求めることができたので，それを逆用して，複素積分の値を求めることができたのだね．

次回に，この応用として，実積分への応用 Part II をやって，このセミナーの締め括りとしよう．

圭子・貞人 楽しみにしています．先生，本日は，ありがとうございました．

|||||||| **演習問題** |||||||||||||||||||||||||||||||||||||||||||||||||||||||||||||||||||||||||||||||||||||||||||||||

18.1 $f(z) = \dfrac{1}{z(z-1)^3}$ のとき，$\mathrm{Res}[f(z):0]$, $\mathrm{Res}[f(z):1]$ を求めよ．

18.2 留数定理を用いて，次の複素積分の値を求めよ：

$$\int_C \frac{z-2}{z(z+1)^2} dz \quad C: \left|z+\frac{1}{2}\right| = 1$$

Lesson 19 実積分への応用・Part II

●●●●● これぞ魔法の積分法 ●●●

圭子 先生,こんにちは.
貞人 よろしく,お願いいたします.
先生 やあ,よく来たね.まあ,掛けたまえ.

● $\int_0^{2\pi} R(\cos\theta, \sin\theta) d\theta$ の計算法

先生 えー,このセミナーも,泣いても笑っても,今回が最終回です.そこで,いままでの締め括りとして,留数定理の実積分への応用を少しばかりやってみましょう.その第一は,

$$\cos\theta, \sin\theta \text{ の有理関数}$$

の実積分を,複素積分と留数定理を利用して求めようというものです.

実積分の積分区間が,$0 \leq \theta \leq 2\pi$ なので,複素積分は,積分路を,

$$\text{単位円} \quad C: z = e^{i\theta} \quad (0 \leq \theta \leq 2\pi)$$

としましょうか.このとき,

$$\cos\theta = \frac{e^{i\theta} + e^{-i\theta}}{2} = \frac{1}{2}\left(z + \frac{1}{z}\right)$$

$$\sin\theta = \frac{e^{i\theta} - e^{-i\theta}}{2i} = \frac{1}{2i}\left(z - \frac{1}{z}\right)$$

は,よく知ってるね.知りすぎているだろうね.さらに,

$$dz = ie^{i\theta}d\theta, \quad d\theta = \frac{1}{iz}dz$$

ですから,

$$\int_0^{2\pi} R(\cos\theta, \sin\theta) d\theta = \int_C R\left(\frac{1}{2}\left(z+\frac{1}{z}\right), \frac{1}{2i}\left(z-\frac{1}{z}\right)\right) \frac{1}{iz} dz$$

となるね．この右辺の複素積分は，z の有理関数の積分だから，留数を用いて求めることができるだろう，というわけなんだ．

具体例について，やってみましょうか．

[例] $\displaystyle\int_0^{2\pi} \frac{1}{5+3\cos\theta} d\theta$ を求めよ．

先生 そうだな．貞人君，どうかな．

貞人 はい．いま，先生のおっしゃったように，積分路は，単位円
$$C: z = e^{i\theta} \quad (0 \leqq \theta \leqq 2\pi)$$
とします．次に，知りすぎている
$$\cos\theta = \frac{e^{i\theta}+e^{-i\theta}}{2}, \quad d\theta = \frac{1}{iz} dz$$
などを，代入して，実積分を複素積分へ転換しますと，

$$\int_0^{2\pi} \frac{1}{5+3\cos\theta} d\theta = \int_C \frac{1}{5+3\cdot\frac{1}{2}\left(z+\frac{1}{z}\right)} \frac{1}{iz} dz$$

$$= \int_C \frac{2}{3z^2+10z+3} \frac{1}{i} dz$$

$$= \int_C \frac{2}{3i} \frac{1}{(z+3)\left(z+\frac{1}{3}\right)} dz$$

となります．この被積分関数の特異点のうち，円 C 内にあるのは，

点 $-\dfrac{1}{3}$ （位数1の極）

だけです．この極における留数は，

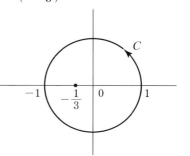

$$\operatorname{Res}\left[-\frac{1}{3}\right] = \lim_{z \to -\frac{1}{3}} \left(z + \frac{1}{3}\right) \frac{2}{3i} \frac{1}{(z+3)\left(z+\frac{1}{3}\right)}$$

$$= \lim_{z \to -\frac{1}{3}} \frac{2}{3i} \frac{1}{z+3} = \frac{2}{3i} \frac{1}{-\frac{1}{3}+3} = \frac{1}{4i}$$

となります．ですから，留数定理により，

$$\int_0^{2\pi} \frac{1}{5 + 3\cos\theta}\, d\theta = 2\pi i \times \operatorname{Res}\left[-\frac{1}{3}\right] = 2\pi i \times \frac{1}{4i} = \frac{\pi}{2}$$

のように，求まりました．計算は，大丈夫だったかな．

先生 よくできているよ．

● $\int_{-\infty}^{+\infty} f(x)dx$ の計算法

先生 今度は無限積分です．$\int_{-\infty}^{+\infty} R(x)\cos x\, dx$, $\int_{-\infty}^{+\infty} R(x)e^{ax}\, dx$ （有理関数のフーリエ積分）なども，同様に解決しますが，すべて，次の定理が基礎になります：

●ポイント ──────────────────────────── **無限積分の計算法**

関数 $f(z)$ は，次の条件 (1)〜(3) を満たすものとする：
(1) 上半平面で，有限個の極 $a_1, a_2, \cdots, a_n$ 以外では正則．
(2) 実軸上に，特異点をもたない．
(3) $\lim_{z \to \infty} zf(z) = 0$ すなわち， $\lim_{|z| \to +\infty} |zf(z)| = 0$
　このとき，

$$\int_{-\infty}^{+\infty} f(x)dx = 2\pi i (\operatorname{Res}[a_1] + \operatorname{Res}[a_2] + \cdots + \operatorname{Res}[a_n])$$

先生 図のように上半円周 K_R と，点 $-R$ から R へ至る線分

$$L_R : z = x \quad (-R \leqq x \leqq R)$$

から成る単一閉曲線
$$C_R = K_R + L_R$$
で囲まれた領域を，D とします．

ただし，極 $a_1, a_2, \cdots, a_n$ が，すべて D 内に入るように，実数 R を十分大きくとることにします．

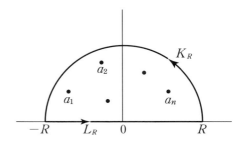

このとき，留数定理から，次が成立するね：
$$\int_{C_R} f(z)dz = 2\pi i(\text{Res}[a_1] + \text{Res}[a_2] + \cdots + \text{Res}[a_n])$$

ところで，この複素積分は，どうなるかというと，
$$\int_{C_R} f(z)dz = \int_{K_R} f(z)dz + \int_{L_R} f(z)dz \quad \cdots\cdots (*)$$

貞人 この証明で，積分路は，右のような長方形でもよいわけですか？

先生 じつは，そうなんだ．

この等式 $(*)$ で，$R \to +\infty$ という極限を考えるわけです．

$f(z)$ の満たす条件(3)から，どんな $\varepsilon > 0$ が与えられても，
$$|z| \geqq R \implies |zf(z)| < \varepsilon$$
となるように，十分大きい R をとることができるね．だから，このとき，
$$|f(z)| < \frac{\varepsilon}{|z|} \leqq \frac{\varepsilon}{R}, \quad \text{半円 } K_R \text{ の長さ} = \pi R$$
ですから，
$$\left|\int_{K_R} f(z)dz\right| \leqq \frac{\varepsilon}{R} \cdot \pi R = \pi \varepsilon$$

$R \to +\infty$ のとき，$\varepsilon > 0$ は，0 にいくらでも近くにとれるから，

$$\int_{K_R} f(z)dz \longrightarrow 0 \quad (R \to +\infty)$$

また，次は明らかだね：

$$\int_{L_R} f(z)dz = \int_{-R}^{R} f(x)dx \longrightarrow \int_{-\infty}^{+\infty} f(x)dx$$

以上のことから，等式 ($*$) において，極限 $R \to +\infty$ を考えれば，

$$\int_{C_R} f(z)dz = \int_{K_R} f(z)dz + \int_{L_R} f(z)dz$$

⬇ ⬇ ⬇

$2\pi i \times$ 留数和　　　 0 　　　$\int_{-\infty}^{+\infty} f(x)dx$

このように，みごとに，求める実積分が抽出される——これが，コーシーの絶妙壮大な構想だったのだ．

圭子 すばらしいアイディアですね．

先生 たしかに，その通りだね．数学の歴史を創る天才中の天才の仕事だからね．

それでは，いつものように，具体例をやってみましょうか．

[**例**]　次の実積分の値を求めよ．
(1) $\int_{-\infty}^{+\infty} \dfrac{1}{(x^2+1)^3} dx$ 　　(2) $\int_{-\infty}^{+\infty} \dfrac{x^2}{x^4+4} dx$

圭子 わたしにも，できそうなので，やらせて下さい．

(1)
$$f(z) = \frac{1}{(z^2+1)^3}$$

を考えます．分母は，

$$(z^2+1)^3 = (z-i)^3 (z+i)^3$$

ですから，上半平面にある特異点は，i だけで，位数 3 の極です．

もちろん，実軸上に特異点はありません．

さらに，また，$z \to \infty$ のとき，

$$zf(z) = \frac{z}{(z^2+1)^3} \longrightarrow 0$$

です．この $f(z)$ は，先ほどの定理の条件(1)〜(3)は，OK だわね．

そこで，留数を求めます．位数 3 でしたから，

$$\text{Res}[i] = \frac{1}{(3-1)!} \lim_{z \to i} \frac{d^{3-1}}{dz^{3-1}} \left\{ (z-i)^3 \frac{1}{(z^2+1)^3} \right\}$$

$$= \frac{1}{2!} \lim_{z \to i} \frac{d^2}{dz^2} \left(\frac{1}{(z+i)^3} \right)$$

わたし，こういう計算，よく間違うんです．

貞人 次のように，やれば大丈夫．**分数より負の指数**で，

$$\{(z+i)^{-3}\}'' = \{-3(z+i)^{-4}\}' = 12(z+i)^{-5}$$

圭子 ありがとう．上の式の続きです．

$$= \frac{1}{2} \lim_{z \to i} \frac{12}{(z+i)^5} = \frac{1}{2} \frac{12}{(i+i)^5} = \frac{3}{16i}$$

ですから，留数定理によって，

$$\int_{-\infty}^{+\infty} \frac{1}{(x^2+1)^3} dx = 2\pi i \, \text{Res}[i] = 2\pi i \times \frac{3}{16i} = \frac{3}{8}\pi$$

で，できました！

貞人 なるほど，そうだね．(2)は，ぼくがやってみます．

$$f(z) = \frac{z^2}{z^4+4}$$

とおきます．この関数は，明らかに，

$zf(z) \longrightarrow 0 \;\; (z \to \infty)$

を満たしていますね．

次に．特異点を求めます．

分母 $= z^4 + 4 = 0$ より

$z^4 = -4 = 4e^{\pi i}$

$\implies z = \sqrt{2}\, e^{\frac{1+2k}{4}\pi i} \;\; (k = 0, 1, 2, 3)$

すなわち，特異点は，次の 4 個：

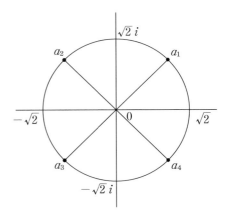

$$a_1 = \sqrt{2}\,e^{\frac{1}{4}\pi i} = 1+i,$$
$$a_2 = \sqrt{2}\,e^{\frac{3}{4}\pi i} = -1+i$$
$$a_3 = \sqrt{2}\,e^{\frac{5}{4}\pi i} = -1-i$$
$$a_4 = \sqrt{2}\,e^{\frac{7}{4}\pi i} = 1-i$$

このうち，上半平面上にあるのは，
$$a_1 = 1+i, \quad a_2 = -1+i$$
だけで，いずれも，位数 1 の極です．

次に，これらの極における留数を求めます．

$$\begin{aligned}
\operatorname{Res}[a_1] &= \lim_{z \to a_1} (z-a_1)\frac{z^2}{z^4+1} \\
&= \lim_{z \to a_1} (z-a_1)\frac{z^2}{(z-a_1)(z-a_2)(z-a_3)(z-a_4)} \\
&= \lim_{z \to a_1} \frac{z^2}{(z-a_2)(z-a_3)(z-a_4)} \\
&= \frac{a_1^2}{(a_1-a_2)(a_1-a_3)(a_1-a_4)} \\
&= \frac{(1+i)^2}{2\cdot(2+2i)\cdot 2i} = \frac{1+i}{2\cdot 2\cdot 2i} = \frac{1+i}{8i}
\end{aligned}$$

また，a_2 の方も，同じように，

$$\begin{aligned}
\operatorname{Res}[a_2] &= \lim_{z \to a_2} (z-a_2)\frac{z^2}{z^4+1} \\
&= \lim_{z \to a_2} (z-a_2)\frac{z^2}{(z-a_1)(z-a_2)(z-a_3)(z-a_4)} \\
&= \lim_{z \to a_2} \frac{z^2}{(z-a_1)(z-a_3)(z-a_4)} \\
&= \frac{a_2^2}{(a_2-a_1)(a_2-a_3)(a_2-a_4)} \\
&= \frac{(-1+i)^2}{(-2)\cdot 2i \cdot(-2+2i)} = \frac{-1+i}{(-2)\cdot 2i\cdot 2} = \frac{-1+i}{-8i}
\end{aligned}$$

最後は，留数定理によって，

$$\int_{-\infty}^{+\infty} \frac{x^2}{x^4+4} dx = \underline{\underline{2\pi i \times 留数和}} = 2\pi i \left(\frac{1+i}{8i} + \frac{-1+i}{-8i} \right) = \frac{1}{2}\pi$$

のように，気持ちよくできました！

先生・圭子 （思わず拍手する）

圭子 こういう計算を見てても，数学ってキレイだな！と思います．

$\int_{-\infty}^{+\infty} \frac{1}{(x^2+1)^3} dx$ も，$\int_{-\infty}^{+\infty} \frac{x^2}{x^4+4} dx$ も，ふつう微積分の範囲でやったら，けっこう大変でしょうね．それに，できるかどうかも．

先生 留数定理を用いる解法には，**一貫性**があるからね．と言っても念のために言っておくけど，実解析が複素解析に完全に飲み込まれているわけではないのだ．実関数論や測度論には，それなりの広大な世界がある．実解析と複素解析との関係は，歴史で言えば，日本史と世界史に似ているような気がするんだ．これは，もちろん，ぼくの放言として聞いて欲しいんだけど．

貞人・圭子 先生，楽しいセミナーありがとうございました．また，ぜひ，何か教えていただきたいと思います．

今回が最終回だというので，圭子さん手作りのお弁当に舌鼓(したつづみ)を打ちながら，先生を囲んで，二人の夢・恋愛論・人生論・先生の放言・… 時間(とき)のたつのを忘れて――

演習問題

19.1 $\int_0^{2\pi} \frac{1+\sin\theta}{5+3\cos\theta} d\theta$ を求めよ．

19.2 $\int_{-\infty}^{+\infty} \frac{1}{(x^2+1)(x^2+4)} dx$ を求めよ．

Lesson 19. 実積分への応用・Part II

●●●●●● 演習問題の解答です

1.1 (1) $z = (2+3i)(2-3i)(3+4i) = 13(3+4i) = 39+52i$

(2) $z = -2i - 3i + 4 + i + 2i - 1 = 3 - 2i \ (= 3+(-2)i)$

(3) $z = \dfrac{(3+i)(1+2i)}{(1-2i)(1+2i)} + \dfrac{(3-i)(2-i)}{(2+i)(2-i)} = \dfrac{1+7i}{5} + \dfrac{7-5i}{5} = \dfrac{8}{5} + \dfrac{2}{5}i$

1.2 (1) $z = 5+5i = 5\sqrt{2}\left(\dfrac{\sqrt{2}}{3} + i\dfrac{\sqrt{2}}{2}\right) = 5\sqrt{2}\left(\cos\dfrac{\pi}{4} + i\sin\dfrac{\pi}{4}\right)$

(2) $z = \dfrac{(7+\sqrt{3}\,i)(1-2\sqrt{3}\,i)}{(1+2\sqrt{3}\,i)(1-2\sqrt{3}\,i)} = 1 - \sqrt{3}\,i = 2\left(\dfrac{1}{2} - \dfrac{\sqrt{3}}{2}i\right)$

$= 2\left\{\cos\left(-\dfrac{\pi}{3}\right) + i\sin\left(-\dfrac{\pi}{3}\right)\right\}$

2.1 (1) $z = (1+\sqrt{3}\,i)^{10} = 2^{10}\left(\cos\dfrac{\pi}{3} + i\sin\dfrac{\pi}{3}\right)^{10}$

$= 2^{10}\left(\cos\dfrac{10}{3}\pi + i\sin\dfrac{10}{3}\pi\right) = 2^{10}\left(\cos\dfrac{4}{3}\pi + i\sin\dfrac{4}{3}\pi\right)$

$= 2^{10}\left(-\dfrac{1}{2} + \dfrac{\sqrt{3}}{2}i\right) = -2^9 + 2^9\sqrt{3}\,i$

(2) $z = (1+i)^{-7} = \left\{\sqrt{2}\left(\cos\dfrac{\pi}{4} + i\sin\dfrac{\pi}{4}\right)\right\}^{-7}$

$= \dfrac{1}{(\sqrt{2})^7}\left\{\cos\left(-\dfrac{7}{4}\pi\right) + \sin\left(-\dfrac{7}{4}\pi\right)\right\} = \dfrac{1}{(\sqrt{2})^7}\left(\dfrac{\sqrt{2}}{2} + i\dfrac{\sqrt{2}}{2}\right)$

$= \dfrac{1}{16} + \dfrac{1}{16}i$

2.2 $z = \sqrt[6]{2}\left(\cos\dfrac{7+8k}{12}\pi + i\sin\dfrac{7+8k}{12}\pi\right)$

$(k=0,1,2)$

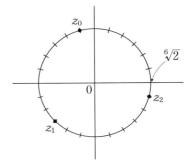

3.1 $\operatorname{Re} z = \dfrac{1}{2}(z+\overline{z}) \geqq 1$ より，$z+\overline{z} \geqq 2$. $z = \dfrac{1}{w}$ だから，$\dfrac{1}{w} + \dfrac{1}{\overline{w}} \geqq 2$

$\therefore \quad 2w\overline{w} - w - \overline{w} \leqq 0 \qquad \therefore \quad \left(w - \dfrac{1}{2}\right)\left(\overline{w} - \dfrac{1}{2}\right) \leqq \dfrac{1}{4}$

$\therefore \quad \left(w - \dfrac{1}{2}\right)\overline{\left(w - \dfrac{1}{2}\right)} \leqq \dfrac{1}{4} \qquad \therefore \quad \left|w - \dfrac{1}{2}\right| \leqq \dfrac{1}{2}$ 中心 $\dfrac{1}{2}$，半径 $\dfrac{1}{2}$ の円

の周および内部．

3.2 $w = \dfrac{i}{2}$ より，$z = \dfrac{i}{1-w}$. $z = x+iy$，$w = u+iv$ とおく．

$x+iy = \dfrac{i}{1-(u+iv)} = \dfrac{-v}{(u-1)^2+v^2} + i\dfrac{1-u}{(u-1)^2+v^2}$

$\therefore \quad x = \dfrac{-v}{(u-1)^2+v^2}, \quad y = \dfrac{1-u}{(u-1)^2+v^2}$

$x = \operatorname{Re} z = 1$ のとき．

$\dfrac{-v}{(u-1)^2+v^2} = 1 \qquad \therefore \quad (u-1)^2 + \left(v+\dfrac{1}{2}\right)^2 = \dfrac{1}{4}$

中心 $1 - \dfrac{1}{2}i$，半径 $\dfrac{1}{2}$ の円．

4.1 (1) $z = \sqrt{2}\left(\cos\dfrac{\pi}{6} + i\sin\dfrac{\pi}{4}\right) = \sqrt{2}\,e^{\frac{\pi}{4}i}$

(2) $z = 2\left(\cos\dfrac{\pi}{6} + i\sin\dfrac{\pi}{6}\right) = 2e^{\frac{\pi}{6}i}$

4.2 (1) $z = 2\left(\cos\dfrac{\pi}{3} + i\sin\dfrac{\pi}{3}\right)$ だから,

$\log z = \log_e 2 + i\left(\dfrac{\pi}{3} + 2n\pi\right)$ ($n = 0, \pm 1, \pm 2, \cdots$)

$\text{Log}\, z = \log_e 2 + \dfrac{\pi}{3}i$

(2) $z = \cos\left(-\dfrac{\pi}{2}\right) + i\sin\left(-\dfrac{\pi}{2}\right)$ だから,

$\log z = \log_e 1 + i\left(-\dfrac{\pi}{2} + 2n\pi\right) = i\left(-\dfrac{\pi}{2} + 2n\pi\right)$ ($n = 0, \pm 1, \pm 2, \cdots$)

$\text{Log}\, z = -\dfrac{\pi}{2}i$

5.1 (1) $\cos i = \dfrac{e^{i\cdot i} + e^{-i\cdot i}}{2} = \dfrac{e^{-1} + e}{2} = \dfrac{1}{2}\left(e + \dfrac{1}{e}\right)$

(2) $\sin \pi i = \dfrac{e^{i\cdot\pi i} - e^{-i\cdot\pi i}}{2i} = \dfrac{e^{-\pi} - e^{\pi}}{2i} = \dfrac{1}{2}\left(e^{\pi} - \dfrac{1}{e^{\pi}}\right)i$

5.2 (1) 公式 $\sin^{-1} z = -i\log(iz + \sqrt{1 - z^2})$ による.

$z = \sin^{-1} 2 = -i\log(2i + \sqrt{3}\,i) = -i\log(2 + \sqrt{3})i$

$= -i\left(\log_e(2 + \sqrt{3}) + i\left(\dfrac{\pi}{2} + 2n\pi\right)\right)$

$= \left(\dfrac{1}{2} + 2n\right)\pi - i\log_e(2 + \sqrt{3})$ ($n = 0, \pm 1, \pm 2, \cdots$)

(2) 公式 $\cos^{-1} z = -i\log(z + \sqrt{z^2 - 1})$ による.

$z = \cos^{-1} 2i = -i\log(2 + \sqrt{5})i$

$= -i\left(\log_e(2 + \sqrt{5}) + i\left(\dfrac{\pi}{2} + 2n\pi\right)\right)$

$= \left(\dfrac{1}{2} + 2n\right)\pi - i\log_e(2 + \sqrt{5})$ ($n = 0, \pm 1, \pm 2, \cdots$)

6.1 (1) $(1+\sqrt{3})^{1+i} = e^{(1+i)\log(1+\sqrt{3}i)}$

$= e^{(1+i)\{\log_e 2 + i\left(\frac{\pi}{3}+2n\pi\right)\}}$

$= e^{\log_e 2 - \left(\frac{\pi}{3}+2n\pi\right) + i\left(\log_e 2 + \frac{\pi}{3}+2n\pi\right)}$

$= e^{\log_e 2 - \left(\frac{\pi}{3}+2n\pi\right)} e^{i\left(\log_e 2 + \frac{\pi}{2}\right)}$

$= 2e^{-\left(\frac{\pi}{3}+2n\pi\right)}\left\{\cos\left(\log_e 2 + \frac{\pi}{3}\right) + i\sin\left(\log_e 2 + \frac{\pi}{3}\right)\right\}$

(2) $(1-i)^i = e^{i\log(1-i)} = e^{i\{\log_e\sqrt{2} + \left(-\frac{\pi}{4}+2n\pi\right)i\}}$

$= e^{\left(\frac{1}{4}-2n\right)\pi + i\log_e\sqrt{2}} = e^{\left(\frac{1}{4}-2n\right)\pi} e^{i\log_e\sqrt{2}} \quad (n = 0, \pm 1, \pm 2, \cdots)$

6.2 $x = \dfrac{u}{u^2+v^2}$, $y = -\dfrac{v}{u^2+v^2}$ を, $x+y=1$ へ代入して, 直線 $x+y=1$ は, 円 $u^2+v^2-u+v=0$ へ写される.

7.1 (1) $f'(z) = \lim\limits_{\Delta z \to 0} \dfrac{\overline{z+\Delta z} - \overline{z}}{\Delta z} = \lim\limits_{\Delta z \to 0} \dfrac{\overline{\Delta z}}{\Delta z}$

「$\Delta z = \Delta x + i\Delta y \to 0$」$\Longrightarrow$「$\Delta x \to 0$ かつ $\Delta y \to 0$」

とくに, $\Delta y = m\Delta x$ を満たしながら, $\Delta z \to 0$ の場合を考えると,

$\dfrac{\overline{\Delta z}}{\Delta z} = \dfrac{\Delta x - i\Delta y}{\Delta x + i\Delta y} \to \dfrac{1-im}{1+im}$ m によって値が異なる.

したがって, z 平面上のどの点でも, 微分可能ではない.

(2) $f(x+iy) = \text{Re}(x+iy) = x$. $\Delta z = \Delta x + i\Delta y$

$f'(z) = \lim\limits_{\Delta z \to 0} \dfrac{\text{Re}(z+\Delta z) - \text{Re}\,z}{\Delta z} = \lim\limits_{\Delta z \to 0} \dfrac{\Delta x}{\Delta x + i\Delta y}$

とくに, $\Delta y = m\Delta x$ を満たしながら, $\Delta z \to 0$ の場合を考えると,

$\dfrac{\Delta z}{\Delta x + i\Delta y} \to \dfrac{1}{1+im}$ m によって値が異なる.

したがって, z 平面上のどの点でも, 微分可能ではない.

解答

8.1 (1) $u = x^2 + xy$, $v = 2xy - y^2$ より, $u_x = 2x + y$, $v_y = 2x - 2y$
$u_x = v_y$ を満たさないので, $f(z)$ は正則ではない.

(2) $f(z) = e^{iz} = e^{-y+ix} = e^{-y}(\cos x + i \sin x)$
$u = e^{-y} \cos x$, $v = e^{-y} \sin x$
$u_x = -e^{-y} \sin x$, $u_y = -e^{-y} \cos x$, $v_x = e^{-y} \cos x$, $v_y = -e^{-y} \sin x$
すべて, 全平面で連続で, コーシー・リーマンの方程式を満たすので, 全平面で正則. このとき,
$f'(z) = u_x + iv_x = -e^{-y} \sin x + ie^{-y} \cos x = ie^{-y}(\cos x + i \sin x) = ie^{iz}$

8.2 $f'(z) = u_x + iv_x = 0$ より, $u_x = v_x = 0$. コーシー・リーマンの方程式から, $u_y = -v_x = 0$, $v_y = u_x = 0$. ゆえに, u, v は定数関数. したがって, $f(z)$ も定数関数.

9.1 $w = z^\alpha = e^{\alpha \log z}$ より, $w' = e^{\alpha \log z} \cdot \dfrac{\alpha}{z} = z^\alpha \cdot \dfrac{\alpha}{z} = \alpha z^{\alpha - 1}$

9.2 z 平面の, 点 0 で交角 $\pi/2$ の半直線
$z = t$ $(t \geq 0)$
$z = it$ $(t \geq 0)$
は, 写像 $w = z^3$ により, それぞれ, w 平面の交角 $3\pi/2$ の半直線
$w = t^3$ $(t \geq 0)$
$w = -it^3$ $(t \geq 0)$
に写される.

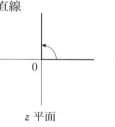
z 平面

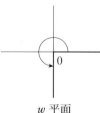
w 平面

193

10.1 $\displaystyle\int_C (x+y)dx = \int_{-2}^{1}\{(5-t^2)+(2-t)\}(5-t^2)'dt$

$\displaystyle = \int_{-2}^{1}(7-t-t^2)(-2t)dt = \int_{-2}^{1}(2t^3+2t^2-14t)dt = \frac{39}{2}$

$\displaystyle\int_C (x-y)dy = \int_{-2}^{1}\{(5-t^2)-(2-t)\}(2-t)'dt$

$\displaystyle = \int_{-2}^{1}(-t^2+t+3)(-1)dt = \int_{-2}^{1}(t^2-t-3)dt = -\frac{9}{2}$

$\therefore\ \displaystyle\int_C (x+y)dx+(x-y)dy = \frac{39}{2}+\left(-\frac{9}{2}\right) = 15$

10.2 (1) $\displaystyle\int_{C_1}\operatorname{Re} z\,dz = \int_0^1 \operatorname{Re}(t+it)\cdot(t+it)'dt = \int_0^1 t(1+i)dt$

$\displaystyle = \frac{1}{2}(1+i)$

$\displaystyle\int_{C_2}\operatorname{Re} dz = \int_0^1 \operatorname{Re}(t+it^2)\cdot(t+it^2)'dt = \int_0^1 t(1+2ti)dt$

$\displaystyle = \int_0^1 (t+2t^2 i)dt = \frac{1}{2}+\frac{2}{3}i$

(2) $\displaystyle\int_{C_1} z^2 dz = \int_0^1 (t+it)^2\cdot(t+it)'dt = \int_0^1 t^2(1+i)^3 dt$

$\displaystyle = \frac{1}{3}(1+i)^3 = -\frac{2}{3}+\frac{2}{3}i$

$\displaystyle\int_{C_2} z^2 dz = \int_0^1 (t+it^2)^2\cdot(t+it^2)'dt$

$\displaystyle = \int_0^1 (t+it^2)^2\cdot(1+2ti)dt$

$\displaystyle = \int_0^1 \{(t^2-5t^4)+i(4t^2-2t^5)\}dt = -\frac{2}{3}+\frac{2}{3}i$

11.1 $\iint_D (x+4y)dxdy = \int_1^2 \left(\int_{2-x}^x (x+4y)dy\right)dx$

$= \int_1^2 \left[xy+2y^2\right]_{y=2-x}^{y=x} dx$

$= \int_1^2 \{x(x-(2-x))+2(x^2-(2-x)^2)\}dx = \int_1^2 (2x^2+6x-8)dx = \dfrac{17}{3}$

11.2 基本周回積分が使える形に，

(1) $\displaystyle\int_C \dfrac{1}{z^2+1}dz$

$= \dfrac{1}{2i}\left(\displaystyle\int_C \dfrac{1}{z-i}dz - \int \dfrac{1}{z+i}dz\right)$

$= \dfrac{1}{2i}(2\pi i - 0) = \pi$

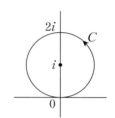

(2) $\displaystyle\int_C \dfrac{1}{z^2+1}dz$

$= \dfrac{1}{2i}\left(\displaystyle\int_C \dfrac{1}{z-i}dz - \int_C \dfrac{1}{z+i}dz\right)$

$= \dfrac{1}{2i}(2\pi i - 2\pi i) = 0$

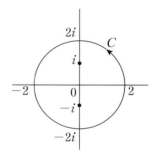

12.1 $L_1: z = x \quad (0 \leqq x \leqq R)$

$K: z = Re^{i\theta} \quad (0 \leqq \theta \leqq \pi/4)$

$L_2: z = re^{\frac{\pi}{4}i} \quad (0 \leqq r \leqq R)$

$f(z)$ は，全平面で正則だから，

$\displaystyle\int_{L_1} f(z)dz + \int_K f(z)dz + \int_{-L_2} f(z)dz = 0 \quad \cdots\cdots (*)$

この等式で，$R \to +\infty$ なる極限を考える．

I ． $\displaystyle\int_{L_1} e^{iz^2} dz = \int_0^R e^{ix^2} dx \longrightarrow \int_0^{+\infty} e^{ix^2} dx$

$$= \int_0^{+\infty} \{\cos(x^2) + i\sin(x^2)\} dx$$

II． $\displaystyle\left|\int_K e^{iz^2} dz\right| = \left|\int_0^{\frac{\pi}{4}} e^{iR^2 e^{2i\theta}} \cdot iRe^{i\theta} d\theta\right|$

$$= \left|\int_0^{\frac{\pi}{4}} e^{iR^2\cos 2\theta} \cdot e^{-R^2\sin 2\theta} \cdot i\,\mathrm{Re}^{i\theta} d\theta\right|$$

$$\leqq R\int_0^{\frac{\pi}{4}} e^{-R^2\sin 2\theta} d\theta$$

$$\leqq R\int_0^{\frac{\pi}{4}} e^{-R^2 \frac{4}{\pi}\theta} d\theta = \frac{\pi}{4R}(1-R^2) \to 0$$

▶注　$0 \leqq \theta \leqq \dfrac{\pi}{4} \Rightarrow \sin 2\theta \geqq \dfrac{4}{\pi}\theta$

III． $\displaystyle\int_{-L_2} e^{iz^2} dz = -\int_0^R e^{ie^{\frac{\pi}{2}i}r^2} \cdot e^{\frac{\pi}{4}i} dr$

$$= -e^{\frac{\pi}{4}i} \int_0^R e^{-r^2} dr \to -e^{\frac{\pi}{4}i} \int_0^{+\infty} e^{-r^2} dr = -\frac{1+i}{2} \frac{\sqrt{\pi}}{2}$$

以上から，(∗) で，$R \to +\infty$ とすると，

$$\int_0^{+\infty} \{\cos(x^2) + i\sin(x^2)\} dx - \frac{1+i}{2} \frac{\sqrt{\pi}}{2} = 0$$

この等式の実部・虚部から，証明すべき等式が得られる．

13.1　収束して，$A = \lim\limits_{n\to\infty} a_n$ と仮定する．任意の $\varepsilon > 0$．とくに，$\varepsilon = 1/2$ に対して，次のような番号 N が存在する：

$$m > N \text{ のとき，つねに，} A - \frac{1}{2} < a_n < A + \frac{1}{2}$$

このとき，$n > N$ なる偶数項 $a_n = 1$．奇数項 $a_n = -1$ に対して，次が成立：

$$1 < A + \frac{1}{2},\ A - \frac{1}{2} < 1. \text{ 辺ごとに加えて，} \frac{1}{2} < -\frac{1}{2} \quad \text{矛盾．}$$

13.2 (1) 与えられた $R>0$ に対して,
$$a_n = 2^n > R \iff n > \log_2 R$$
だから, $N = \log_2 R$ とおけば,
$$n > N \text{ のとき, つねに, } a_n > R$$

(2) $a_n = 2^n > 10^8$ より, $n > 26.5 \cdots$ （高校の対数計算）
$2^{2k} < 10^8 < 2^{27}$ より, 求める最小の N は, $N = 26$.

14.1 コーシーの積分公式（拡張）を用いる.

(1) $\alpha = i$, $n = 2$, $f(z) = \cos z$ の場合.
$$\int_C \frac{\cos z}{(z-i)^3} dz = \frac{2\pi i}{2!} f''(i) = \frac{2\pi i}{2!} \left\{ -\frac{1}{2}\left(e + \frac{1}{e}\right) \right\} = -\frac{\pi i}{2}\left(e + \frac{1}{e}\right)$$

(2) $\alpha = 0$, $n = 2$, $f(z) = \dfrac{1}{(z-2)^2}$ の場合.

$f''(z) = 6(z-2)^{-4}$, $f''(0) = 3/8$
$$\int_C \frac{1}{(z-2)^2 z^3} dz = \frac{2\pi i}{2!} f''(0) = \frac{2\pi i}{2!} \cdot \frac{3}{8} = \frac{3}{8}\pi i$$

15.1 (1) $\left|\dfrac{c_{n+1}}{c_n}\right| = \dfrac{(n+1)!}{(n+1)^{n+1}} \cdot \dfrac{n^n}{n!} = \dfrac{1}{\left(1+\dfrac{1}{n}\right)^n} \to \dfrac{1}{e}$, $R = e$

(2) $\sqrt[n]{|c_n|} = \sqrt[n]{\dfrac{1}{n^{2n}}} = \dfrac{1}{n^2} \to 0$ ∴ $R = +\infty$

15.2 与えられた等比級数の等式の両辺を z で微分し, 両辺に z を掛けると,
$$\sum_{n=1}^{\infty} n z^n = \frac{z}{(1-z)^2} \quad (|z| < 1)$$
この両辺を z で微分し, 両辺に z を掛けると,

$$\sum_{n=1}^{\infty} n^2 z^n = \frac{z(1+z)}{(1-z)^3} \quad (|z|<1)$$

15.3 $e^z = 1 + \frac{z}{1!} + \frac{z^2}{2!} + \frac{z^3}{3!} + \frac{z^4}{4!} + \frac{z^5}{5!} + \cdots\cdots$

$e^{-z} = 1 - \frac{z}{1!} + \frac{z^2}{2!} - \frac{z^3}{3!} + \frac{z^4}{4!} - \frac{z^5}{5!} + \cdots\cdots$

$\therefore \quad \cosh z = \frac{1}{2}(e^z + e^{-z}) = 1 + \frac{z^2}{2!} + \frac{z^4}{4!} + \frac{z^6}{6!} + \cdots\cdots \quad (|z|<+\infty)$

16.1 $f(z) = \frac{z}{(z+1)(z+2)} = \frac{2}{z+2} - \frac{1}{z+1}$

(1) $|z|<1$:

$f(z) = \frac{2}{z+2} - \frac{1}{z+1} = \frac{1}{1+\frac{z}{2}} - \frac{1}{1+z}$

$= \left\{1 + \left(-\frac{z}{2}\right) + \left(-\frac{z}{2}\right)^2 + \left(-\frac{z}{2}\right)^3 + \cdots\right\} - \{1 + (-z) + (-z)^2 + (-z)^3 + \cdots\}$

$= \frac{1}{2}z - \left(1 - \frac{1}{2^2}\right)z^2 + \left(1 - \frac{1}{2^3}\right)z^3 - \cdots$

(2) $1<|z|<2$: $\left|\frac{z}{2}\right|<1,\ \left|\frac{1}{z}\right|<1$

$f(z) = \frac{1}{1+\frac{z}{2}} - \frac{1}{z\left(1+\frac{1}{z}\right)}$

$= 1 - \frac{z}{2} + \left(\frac{z}{2}\right)^2 - \left(\frac{z}{2}\right)^3 + \cdots - \frac{1}{z}\left\{1 - \frac{1}{z} + \left(\frac{1}{z}\right)^2 + \left(\frac{1}{z}\right)^3 + \cdots\right\}$

$= \cdots - \frac{1}{z^3} + \frac{1}{z^2} - \frac{1}{z} + 1 - \frac{z}{2} + \frac{z^2}{2^2} - \frac{z^3}{2^3} + \cdots$

(3) $|z|>2$: $\left|\frac{2}{z}\right|<1,\ \left|\frac{1}{z}\right|<1$

$$f(z) = \frac{2}{z\left(1+\frac{2}{z}\right)} - \frac{1}{z\left(1+\frac{1}{2}\right)}$$

$$= \frac{2}{z}\left\{1 - \frac{2}{z} + \left(\frac{2}{z}\right)^2 - \left(\frac{2}{z}\right)^2 + \cdots\right\}$$

$$- \frac{1}{z}\left\{1 - \frac{1}{z} + \left(\frac{1}{z}\right)^2 - \left(\frac{1}{z}\right)^3 + \cdots\right\} = \cdots + \frac{2^3-1}{z^3} - \frac{2^2-1}{z^2} - \frac{1}{z}$$

16.2 $\quad \dfrac{1}{f(z)} = \dfrac{e^z-1}{z} = 1 + \dfrac{z}{2!} + \dfrac{z^2}{3!} + \dfrac{z^3}{4!} + \cdots\cdots$

点 0 は $f(z)$ の除去可能特異点．$f(z)$ の主要部は 0 である：

$$f(z) = b_0 + \frac{b_1}{1!}z + \frac{b^2}{2!}z^2 + \frac{b_3}{3!}z^3 + \cdots\cdots$$

ところで，

$$(e^z - 1)f(z) = z$$

だから，

$$(e^z - 1)f(z) = \left(z + \frac{z^2}{2!} + \frac{z^3}{3!} + \cdots\right)\left(b_0 + b_1 z + \frac{b_2}{2!}z^2 + \frac{b_3}{3!}z^3 + \cdots\right)$$

より，右辺を展開し，両辺の各項の係数を比較すると，

$$b_0 = 1, \quad \frac{b_0}{2!} + b_1 = 0, \quad \frac{b_0}{3!} + \frac{b_1}{2!} + \frac{b_2}{2!} = 0$$

$$\frac{b_0}{4!} + \frac{b_1}{3!} + \frac{b_2}{2!2!} + \frac{b_3}{3!} = 0, \quad \frac{b_0}{5!} + \frac{b_1}{4!} + \frac{b_2}{3!2!} + \frac{b_3}{2!3!} + \frac{b_4}{4!} = 0$$

これらから，

$$b_0 = 1, \quad b_1 = -\frac{1}{2}, \quad b_2 = \frac{1}{6}, \quad b_3 = 0, \quad b_4 = -\frac{1}{30}$$

$$\therefore \quad f(z) = 1 - \frac{z}{2} + \frac{z^2}{12} - \frac{z^4}{720} + \cdots\cdots$$

17.1 (1) $\quad z^3 e^{\frac{1}{z}} = z^3\left\{1 + \frac{1}{1!}\left(\frac{1}{z}\right) + \frac{1}{2!}\left(\frac{1}{z}\right)^2 + \frac{1}{3!}\left(\frac{1}{z}\right)^3 + \cdots\right\}$

$$= z^3 + z^2 + \frac{1}{2!}z + \frac{1}{3!} + \frac{1}{4!z} + \frac{1}{5!z^2} + \cdots$$

点 0 は，孤立真性特異点．

(2) $\dfrac{\mathrm{Log}(1+z)}{z^2} = \dfrac{1}{z^2}\left(z - \dfrac{1}{2}z^2 + \dfrac{1}{3}z^3 - \dfrac{1}{4}z^4 + \cdots\right)$

$= \dfrac{1}{z} - \dfrac{1}{2} + \dfrac{1}{3}z - \dfrac{1}{4}z^2 + \cdots$

位数 1 の値．

18.1 特異点 0 は位数 1 の極．1 は位数 3 の極．

$\mathrm{Res}[f(z):0] = \lim_{z\to 0}(z-0)f(z) = \lim_{z\to 0} z\cdot\dfrac{1}{z(z-1)^3} = \lim_{z\to 0}\dfrac{1}{(z-1)^3} = -1$

$\mathrm{Res}[f(z):1] = \dfrac{1}{(3-1)!}\dfrac{d^{3-1}}{dz^{3-1}}(z-1)^3 f(z) = \dfrac{1}{2!}\dfrac{d^2}{dz^2}\dfrac{1}{z}$

$= \dfrac{1}{2}\lim_{z\to 1} 2z^{-3} = 1$

18.2 特異点 0(位数 1 の極)．-1(位数 2 の極)は，ともに円 C 内にある．

$\mathrm{Res}[0] = \lim_{z\to 0} z\cdot\dfrac{z-2}{z(z+1)^2} = \lim_{z\to 0}\dfrac{z-2}{(z+1)^2} = -2$

$\mathrm{Res}[-1] = \lim_{z\to -1}\dfrac{d}{dz}\left\{(z+1)^2\dfrac{z-2}{z(z+1)^2}\right\} = \lim_{z\to -1}\dfrac{d}{dz}\left(1 - \dfrac{2}{z}\right)$

$= \lim_{z\to -1}\dfrac{2}{z^2} = 2$

$\therefore \displaystyle\int_C \dfrac{z-2}{z(z+1)^2}\,dz = 2\pi i\{(-2)+2\} = 0$

19.1 $C: z = e^{i\theta}\ (0 \leqq \theta \leqq 2\pi)$

$$\int_0^{2\pi} \frac{1+\sin\theta}{5+3\cos\theta}\,d\theta = \int_C \frac{1+\frac{1}{2i}\left(z-\frac{1}{z}\right)}{5+3\cdot\frac{1}{2}\left(z+\frac{1}{z}\right)} \frac{1}{iz}\,dz$$

$$= \int_C \frac{-(z+i)^2}{z(z+3)(3z+1)}\,dz \quad \text{単位円内の特異点は，} 0, -1/3 \text{ だけ．} \\ \text{ともに位数 1 の極．}$$

$$\text{Res}[0] = \lim_{z\to 0} z\cdot \frac{-(z+i)^2}{z(z+3)(3z+1)} = \lim_{z\to 0} \frac{-(z+i)^2}{(z+3)(3z+1)} = \frac{1}{3}$$

$$\text{Res}\left[-\frac{1}{3}\right] = \lim_{z\to -\frac{1}{3}}\left(z+\frac{1}{3}\right)\frac{-(z+i)^2}{z(z+3)(3z+1)} = \lim_{z\to -\frac{1}{3}} \frac{1}{3}\cdot\frac{-(z+i)^2}{z(z+3)}$$

$$= -\frac{1}{3} - \frac{i}{4}$$

$$\therefore \quad \int_0^{2\pi}\frac{1+\sin\theta}{5+3\cos\theta}\,d\theta = 2\pi i \times \left\{\frac{1}{3} + \left(-\frac{1}{3} - \frac{i}{4}\right)\right\} = \frac{\pi}{2}$$

19.2 上半面内の特異点は，$i, 2i$（ともに 1 位の極）

$$\text{Res}[i] = \lim_{z\to i} \frac{z-i}{(z^2+1)(z^2+4)} = \lim_{z\to i} \frac{1}{(z+i)(z^2+4)} = \frac{1}{6i}$$

$\text{Res}[2i] = -\dfrac{1}{12i}$（同様の計算で）

$$\therefore \quad \int_{-\infty}^{+\infty} \frac{1}{(z^2+1)(z^2+4)}\,dx = 2\pi i \times \left(\frac{1}{6i} - \frac{1}{12i}\right) = \frac{1}{6}\pi$$

●●●●●● 参考にしました．参考になります．

　この本を書くとき参考にした本．読者のみなさんが，今後，勉強するとき参考になる本．これらを何冊か記しておきます．

[1]　辻　正次「複素函数論」槇書店　1968

[2]　今井　功「複素解析と流体力学」日本評論社　1970

[3]　一松　信「留数解析」共立出版　1979

[4]　L.V.Ahlfors（笠原乾吉訳）「複素解析」現代数学社　1982

[5]　田代嘉宏「複素関数要論」森北出版　1983

[6]　高木貞治「解析概論」（軽装版）岩波書店　1983

[7]　遠山　啓「関数論初歩」日本評論社　1986

[8]　志賀浩二「複素数30講」朝倉書店　1989

[9]　寺田文行・田中純一「演習と応用 関数論」サイエンス社　2000

[10]　小野寺嘉考「なっとくする複素関数」講談社　2000

[11]　高橋良雄・内田伏一「複素解析」裳華房　2005

[12]　香田温人・小野公輔「初歩からの複素解析」学術図書　2005

[13]　小寺平治「テキスト複素解析」共立出版　2010

　多少のコメントをしておきましょう．

　[6]は，ご存知のように，数学を志す人は，必ず取り組んできた歴史的名著です．第5章の内容が複素解析ですが，全巻通して，絶妙な語り口で魅力あ

ふれる名著です．

　量子力学を勉強してみて，はじめて線形代数の概念の発生理由が判ることが多い，と言われますが，流体力学と複素解析も，これを同じような関係にあるように思われます．

　流体力学を勉強してみて，はじめて複素解析のルーツを知ることができる —— 興味ある方は，たとえば[2]をお読みください．

　[4]は，複素解析専攻，フィールズ賞受賞者による簡明な必読書です．原著には，各章末に演習問題がありますが，残念ながら"解答"はありません．しかし，うれしいことに，この翻訳書には，その"解答"が付いています．

索引 ●●●●●● index

●あ行

位数（極の――） 157, 173〜176, 180, 183〜185, 200, 201
一致の定理 68, 166, 167
円円対応 51, 56〜58
オイラーの公式 33, 42, 43, 49, 115

●か行

開集合 64, 65
解析接続 152
ガウス 6, 139
拡張複素平面 54
逆三角関数 45
逆向き曲線 93
級数（複素――） 141, 142
共役複素数 3〜5
極 156〜163, 165, 166, 173〜176, 180〜183, 185, 200, 201
極形式 8〜10, 12, 18, 27, 33, 37
曲線 58, 85, 87, 91〜97, 100, 102, 105, 110, 117, 118, 132, 135, 147, 167, 168
虚軸 7
虚数単位 5
虚部 3, 16, 25, 28, 34, 44, 46, 62, 76, 83, 98, 116, 141, 196
近傍 64, 69, 156
区分的に滑らかな曲線 92, 147
グリーンの定理 94, 101, 102, 104, 105
結合曲線 93
原始関数 108
項別積分 項別微分 126, 147, 149, 154, 171
コーシー
――の積分公式 131, 133, 134, 136, 140, 149, 153, 197
――の積分定理 99, 101, 104〜108, 111〜114, 117, 121, 132, 136, 153, 172, 175, 176
――の積分表示 133
――の評価式 140
コーシー・アマダールの公式 145
コーシー・リーマンの方程式 71, 74〜77, 79, 83〜85, 88, 104, 151, 193
弧状連結 65
孤立特異点 156〜162, 165, 166, 170

●さ行

最大値原理 137
三角関数 41, 42, 44, 45, 49, 51, 79, 83
三角不等式 12
指数関数 31, 35, 41, 49, 53, 83
実軸 7, 29
実部 3, 5, 16, 25, 28, 34, 44, 46, 62, 76, 83, 98, 116, 141, 196
周回積分（基本――） 107, 111〜113, 191
集積特異点 156
収束円 144, 147, 152
収束半径 144〜146, 150
主値 8, 36〜38, 51
対角関数の――
複素ベキ乗の―― 51
偏角の―― 8
主要部（ローラン展開の――） 155, 161
除去可能特異点 156〜162, 165, 166, 199
真性特異点 156, 161, 164
整関数 137, 138
整級数 143

正　則（複素関数が――）　74
正則部（ローラン展開の――）　155, 156, 162, 174
積　分（複素――）　88, 91〜94, 97, 98, 100
積分公式（コーシーの――）　104, 131, 133, 134, 136
積分定理（コーシーの――）　99, 153, 172, 175, 176
積分表示（コーシーの――）　133
積分路　94, 99, 105, 109, 111, 114, 116, 119, 132, 137, 152, 154, 179, 180, 182
絶対収束　142, 143
絶対値　7, 9, 12, 13, 16, 24, 36, 46
z 平面　22〜30, 34, 35, 37, 38, 46〜49, 54, 56〜58, 76, 87, 137, 188, 189
双曲線関数　44,

● た行

代数学の基本定理　138, 139
対数関数　31, 35, 36, 38, 41, 83
w 平面　22, 23, 25〜30, 35, 37, 38, 46〜49, 54, 56, 57, 87, 193
ダランベールの公式　145
単一閉曲線　91, 104〜108, 131, 134, 152, 171, 175, 182
直交形式　8, 9, 10, 20
テイラー展開　141, 148, 149, 151, 153, 155, 167, 173
等角写像　87, 88
特異点　116, 151, 156, 157, 172, 175, 176, 180, 181, 183, 184, 200, 201
ド・モアブルの定理　14〜16, 27

● な行

滑らか（曲線が――）　85, 87, 92, 102, 104, 147, 167, 168

● は行

反　転　57

微分可能　66〜72, 92, 134, 167, 188
微分係数　66, 73
複素関数　19, 21, 22, 25, 27, 59, 61, 62, 63, 66, 68, 72, 74, 138, 143, 148, 151
複素数　1〜12, 14, 16, 20, 31, 36, 38, 40, 46, 52, 53, 60, 62, 65, 67, 68, 93, 139, 164
複素平面　1, 5, 7, 9, 11, 17, 18, 20, 21, 22, 28, 54, 55, 57, 58, 61, 64, 65, 67, 68, 78, 91, 92
複素ベキ乗　51, 53, 58
不定積分　108
閉曲線　91, 102, 107
ベキ級数　104, 143〜148, 150〜152
偏　角　7〜9, 11〜13, 15, 18, 24, 27, 36

● ま行

マクローリン展開　32, 150
無限遠点　30, 53〜55, 158, 162, 166

● や行

優級数　優級数定理　142〜145

● ら行

リーマンの除去可能定理　162
立体射影　55
リューヴィルの定理　137〜139
留　数　171〜173, 175〜177, 186〜188
領　域　62, 64〜66, 69, 74〜76, 78, 80, 101〜103, 105, 106, 113, 131, 134, 137, 148, 152, 166〜169, 171, 176, 182
連続（複素関数が――）　91
ローラン展開　151, 152, 154〜157, 161〜163, 171, 172, 174, 177

● わ行

ワイエルシュトラスの定理　163, 165

205

著者紹介：

小寺平治（こてら・へいぢ）

1940 年　東京生まれ．
1964 年　東京教育大学理学部数学科卒業．
愛知教育大学名誉教授．専門は数学基礎論，数理哲学．

主な著作

『なっとくする微分方程式』2000 年，『ゼロから学ぶ統計解析』2000 年，『超入門 微分積分』2007 年，『超入門 線形代数』2008 年，『はじめての統計 15 講』2012 年，『はじめての線形代数 15 講』2015 年　（講談社）

『明解演習 微分積分』1984 年，『クイックマスター微分積分』1997 年，『クイックマスター線形代数』1997 年，『テキスト線形代数』2002 年，『テキスト微分積分』2003 年，『テキスト 微分方程式』2006 年，『テキスト 複素解析』2010 年，『これでわかった！微分積分演習』2011 年　（共立出版）

『基礎数学ポプリー』1997 年，『リメディアル 大学の基礎数学』2009 年　（裳華房）

『初めて学ぶ線形代数問題集』1997 年，『大学入試数学のルーツ』2001 年　（現代数学社）

ほか多数．

ゼロからスタート
明快 複素解析

2017 年 2 月 20 日　　初版 1 刷発行

著　者　　小寺平治
発行者　　富田　淳
発行所　　株式会社　現代数学社
〒 606-8425 京都市左京区鹿ヶ谷西寺ノ前町 1
TEL 075 (751) 0727　　FAX 075 (744) 0906
http://www.gensu.co.jp/

検印省略

ⓒ Heidi Kotera, 2017
Printed in Japan

印刷・製本　　亜細亜印刷株式会社
装　丁　　Espace ／ espace3@me.com

落丁・乱丁はお取替え致します．

ISBN 978-4-7687-0463-9